YIN SHI WEN HUA

内蒙古旅游文化丛书

主 编：马永真 乔 吉
副主编：毅 松 金 海

蒙古族
饮食文化

莎日娜 编著

U0306185

内蒙古出版集团　内蒙古人民出版社

图书在版编目（CIP）数据

蒙古族饮食文化/莎日娜编著. - 呼和浩特:内蒙古人民出版社，
2013.10

（内蒙古旅游文化丛书）

ISBN 978 - 7 - 204 - 12473 - 2

Ⅰ.①蒙… Ⅱ.①莎… Ⅲ.①蒙古族 - 饮食 - 文化 - 研究 -
中国 Ⅳ.①TS971

中国版本图书馆 CIP 数据核字（2013）第 259906 号

蒙古族饮食文化

作　　者	莎日娜	
责任编辑	石　红	
封面设计	宋双成　李　琳	
责任校对	李向东	
出版发行	内蒙古出版集团　内蒙古人民出版社	
地　　址	呼和浩特市新城区新华大街祥泰大厦	
印　　刷	内蒙古爱信达教育印务有限责任公司	
开　　本	920×1300　1/32	
印　　张	4.875	
字　　数	150 千	
版　　次	2014 年 1 月第 1 版	
印　　次	2014 年 1 月第 1 次印刷	
印　　数	1 - 4000 册	
书　　号	ISBN 978 - 7 - 204 - 12473 - 2/G · 2696	
定　　价	15.00 元	

如出现印装质量问题,请与我社联系。联系电话:(0471)4971562　4971659

总　序

　　内蒙古自治区位于中华人民共和国北部边疆，与黑龙江、吉林、辽宁、河北、山西、陕西、宁夏、甘肃八个省、自治区毗邻，北部和东北部与蒙古国、俄罗斯接壤，有 4200 多公里的国境线。面积有 118.3 万平方公里，占全国总面积的 12.3%，在全国省区中面积仅次于新疆和西藏，居第三位。在这广阔的地域上居住着蒙古、汉、回、满、达斡尔、鄂温克、鄂伦春、朝鲜、俄罗斯等诸多民族的人民，其中蒙古族是自治区实行区域自治的民族。

　　内蒙古地区主要是高原地带，大部分地区均在海拔 1000 米以上，这里有东北部的呼伦贝尔高原、北部的锡林郭勒高原、中北部的乌兰察布高原、西部的巴彦淖尔至阿拉善高原、西南部的鄂尔多斯高原。

　　内蒙古的戈壁、沙漠早已闻名于世。阿拉善高原的巴丹吉林沙漠是我国三大沙漠之一，巴彦淖尔到阿拉善高原的腾格里沙漠、巴音温都尔沙漠、乌兰布和沙漠、鄂尔多斯高原的库布其沙漠都是举世闻名的荒漠景观。

　　内蒙古是一个多山脉的地区。历史地理学家亦邻真教授对内蒙古地区的主要山脉有这样的描述：纵贯自治区东半部的大兴安岭、横亘中部的阴山山脉和西南部的贺兰山脉。这些山脉山岭绵亘，延续不断，长达 2600 多公里，形成了内蒙古高原的地貌脊梁。大兴安岭以洮儿河为界，分南北两段，北段约长 670 公里，有伊勒呼里山、雉鸡场山等，南段又称苏克斜鲁山，长约 600 公里。阴山山脉包括大青山、乌拉山、色尔腾山和狼山。贺兰山脉长 270 公里，主峰达胡洛老峰高 3556 米，是内蒙古最高的山峰。

内蒙古有许多河流。黄河自宁夏石嘴山流入内蒙古，又从内蒙古准格尔旗榆树湾流出内蒙古辖境，这段干流长达830公里。黄河大小支流在内蒙古鄂尔多斯高原、河套平原和土默特平原上有乌加河、昆都仑河、大黑河、浑河、乌兰市伦河、红柳河等等。中部地区有永定河的上游和滦河的支流。正蓝旗境内的上都河就是滦河的上游，长约254公里，元上都遗址在上都河北岸。在东部区辽河上游西辽河的主要支流都在内蒙古赤峰和通辽地区。嫩江是内蒙古东部最大的河流，它的重要支流都在内蒙古东北部。黑龙江的上段额尔古纳河，长达540公里，经呼伦贝尔草原西部和北部蜿蜒汇入黑龙江。

内蒙古地区具有世界上罕见的富饶的天然牧场，这里的草原像亚欧中部和南美洲、北美洲的草原一样，都是极好的畜牧基地。它在我国五大草原中居于首位，面积达88万平方公里以上，超过全区土地面积的74%。当春光明媚的季节来临时，这里的草原分外美丽，在蓝天白云的下面，一碧千里，无边无际。

在内蒙古一望无际的大草原中间，既有明镜似的大湖，也有星罗棋布的小泊和碧水澄清、芦苇丛生的海子。呼伦湖是内蒙古最大的淡水湖，蒙古语称之为"达赉诺尔"，意为海湖，面积2200平方公里，盛产多种鱼类。还有一个贝尔湖，蒙古族称这两个湖为姊妹湖，呼伦贝尔草原即因这两个湖而得名。此外，还有河套平原的乌梁素海、哈素海，察哈尔草原的岱海和黄旗海等海子，克什克腾旗的达里湖，锡林郭勒草原的库勒查干淖尔、额吉淖尔，额济纳旗的居延海（嘎顺淖尔和索果淖尔）等等。

内蒙古的高原地带有广阔无际的平原，内蒙古著名的两大平原即河套平原和土默特平原。自清代以来，尤其是中华人民共和国成立以来，在这两个平原上开辟沟渠，引黄灌溉，形成著名的"塞上谷仓"。此外，内蒙古大兴安岭中段的松嫩平原属于草甸草原或森林平原，发育着肥沃的黑土，适于畜牧和耕作。

在内蒙古有着丰富的矿产资源。很长时间里，"东林西铁，遍地是煤"，这是内蒙古人形容家乡自然资源的引以为自豪的赞美之词。所谓"东林"，是指内蒙古东部呼伦贝尔境内大兴安岭的林区。大兴安岭是内蒙古的绿色宝库，它南起松辽平原，北抵中俄边境，纵横1400多公里。这里有童话般波澜起伏的原始森林，生长着银白色的白桦树，高达30米的"兴安落叶松"，内蒙古人自豪地称："兴安岭上千般宝，第一应夸落叶松。"兴安岭是落叶松的海洋。所谓"西铁"，是指内蒙古西部包头至白云鄂博，集宁至二连浩特两条铁路沿线的黑色金属矿产之一的铁矿资源，它是钢铁工业的基本原料。包头地区的矿产资源丰富，白云鄂博矿是座举世罕见的多金属共生矿床。铁储量占内蒙古自治区总量的一半，为包钢主要原料；稀土储量居世界首位，被誉为世界"稀土之乡"，为包头钢铁稀土公司的原料基地。所谓"遍地是煤"，是指内蒙古地区煤炭资源分布广泛，煤炭储量8000亿吨。集中分布在呼伦贝尔、通辽、锡林郭勒、赤峰和鄂尔多斯等盟市，几个大煤田的储量占自治区总量的95%以上。上述地方的煤田厚度大，埋藏浅，易于露天开采，国家5大露天煤矿的4个就在其中。东胜煤田的精煤和阿拉善盟的无烟煤（太西煤）以质优著称于世。此外，内蒙古天然气储量1.67万亿立方米，煤层气储量10万亿立方米，石油储量6亿吨以上。风能可开发量占全国一半以上，目前风电装机1670万千瓦，居全国首位。光能资源居全国第二位，稀土储量居全国第一。内蒙古有耕地1.07亿亩，人均4.4亩，居全国首位，牛奶、羊肉、山羊绒、细毛绒等特色优势畜产品产量多年来居全国第一位。

在我国历史上，内蒙古地区是一个有许多北方少数民族聚居，创造了丰富多彩的草原文化的地区。经过多年研究，我们提出的草原文化同黄河文化、长江文化一样，是中华文化的主源之一，是其重要组成部分，是其发展的重要动力源泉的基本观点，已经得到各界的认同。内蒙古是中国北方草原文化主要发祥地和传承地，在历史的长河中，北方众多的草原民族在这里一个接一个地演出了有声有色的历史剧，对中国历史和人类文化宝库做出了重要贡献。旅游业是反映和展现历史文化宝库的一个窗口，从这个窗口我们可以看到昔日富有特色的文明史，独具魅力的人文景观，雄伟壮丽而奇秀多姿的大自然，丰富多彩的各民族文化的交往、渗透及其内涵。具体到草原文化的荟萃之地内蒙古来说，文化宝库的这个窗口不仅重要，而且最直接反映了内蒙古草原文化的丰富内涵。所以我们说，它确有得天独厚的诱惑力。2013年3月内蒙古自治区党委确定的"8337"发展思路中，提出要建设"体现草原文化、独具北疆特色的旅游观光、休闲度假基地"，为内蒙古旅游业的发展指明了方向。我们编写这套《内蒙古旅游文化丛书》正是贯彻、响应"8337"发展思路，助推内蒙古文化旅游大发展的一个重要举措。

　　古人说："读万卷书，行万里路。"对古人来说"行万里路"是非常艰难的事，然而对今天的人类而言行万里路已不再是困苦之事。今天，旅游已经成为人们生活中不可或缺的内容之一。在我国历史上，许多中原地区的官员、学者、文人墨客以及西方探险家们，都曾怀着各种不同的愿望，到内蒙古地区考察观光，并把他们的所见所闻记录下来，流传于后世。史学家把这些所见所闻的记录称之为"行记"，用今天的话来说也就是"旅行记"吧。毫无疑问这些"旅行记"是了解古代内蒙古地区历史文化遗产的珍贵史料。然而由于当时的条件，这些"旅行记"存在着历史时空的局限，流传面窄，一般读者很难看到；另外有些"旅行记"并非印本，只是一代一代靠传抄留世，所以讹误甚多，寻找和阅读均非易事，尤其对一般旅游爱好者来说，甚为不便。我们想，"读万卷书"和"行万里路"同等重要，不仅需要通过旅游——"行万里路"获得感性认识，而且需要通过读书获得理性认识。我们编著《内蒙古旅游文化丛书》的目的，在于尽可能深入挖掘和全面系统地整理内蒙古的旅游资源，更好地提供为内蒙古旅游业服务的新优佳旅游文化产品。当然，我们在编写过程中注意到，内蒙古素有"中华文明曙光升起的地方"、"北方游牧民族的摇篮"的美誉，承载了内涵丰富、特色浓郁、建构完整的草原文化，所以，丛书特别注意了历史与现实主旋律的有机结合。因为在内蒙古这块土地上生活的各民族人民的历史活动是中华民族历史的一个重要组成部分，蒙古民族的历史活动，对于世界历史产生了巨大、深远的影响。正因为有如此恢弘的历史，在他们悠久的文明史上产生了多元、多层次的文化积淀形态，这种文化积淀形态直到今天仍然是中华民族优秀传统文化中最具魅力的文化瑰宝之一。

为此，《内蒙古旅游文化丛书》的内容，依然以内蒙古地区是中国北方草原文化发祥地、传承地这一历史特色为主，将与草原文化相关的人文景观、自然景观、名胜古迹、风物民俗等方面分成十三个专题，以专题分册，图文并茂，专述专论，以此呈现内蒙古各民族历史文化之真实，以飨读者。

《内蒙古旅游文化丛书》是 2002 年提出并实施编著工作的，作为内蒙古社会科学院年度重点课题之一，其倡议者是时任内蒙古社会科学院院长刘惊海教授。这套丛书的总设计和策划归功于他。该丛书由内蒙古人民出版社在 2003 年出版后，产生了良好的社会效应。2012 年，经内蒙古人民出版社与内蒙古社会科学院商定，予以重新编撰出版。参与初版编写和新编丛书的作者群，以内蒙古社会科学院的中青年学者为核心，同时邀请了内蒙古大学、内蒙古财经大学、内蒙古自治区民委、内蒙古文物考古研究所、呼和浩特市人大常委会和呼和浩特博物馆等单位的数位专家学者参与。此次《内蒙古旅游文化丛书》的新编部分分别由一位或几位作者执笔，这些作者都是在各自学科领域中有专长、有建树的专家学者。为了丰富本丛书内涵，这些作者以可信的历史资料为凭据，涉猎中外游记、考古方面的众多文献，并佐之以深入实地调查、民间采风，从而使之成为融历史真实性与科学性、知识性与趣味性为一体的旅游文化读物。本丛书坚持普及与提高相结合，并加入触景生情引发出的民间故事、神话传说与人物典故，从而达到扩大旅游者对内蒙古的感性认识和理性认识的目的，成为旅行者随身携带的导游手册，成为放入行囊带给亲友的一份厚礼。我们认为，这是此套丛书的独到之处。当然，由于时间仓促，水平有限，丛书中也许会存在一些问题，如，在旅游知识的深度和广度，内容的相互衔接，表述风格的一致等方面，尚有待于提高。

　　新编《内蒙古旅游文化丛书》是首次出版发行的以内蒙古地区历史和文化为主要内容的旅游文化丛书。我们编写这套《内蒙古旅游文化丛书》，既是为了满足当前国内外旅游业蓬勃发展的需要和旅游者的渴求，也是为建设内蒙古体现草原文化、独具北疆特色的旅游观光、休闲度假基地做一份贡献。我们希望这套丛书，能够成为海内外广大旅游爱好者，包括内蒙古自治区各旅游景区导游工作者在内的旅游系统从业人员，以及高等院校、中等专业学校旅游专业的师生等广大读者喜爱的读物，我们认为这是极有意义的工作。我们作为本套丛书的主编，感到十分荣幸。受到内蒙古人民出版社和丛书诸位编著者的委托，当这套丛书新编出版之际，写了上面一些话，权以为序。

马永真　乔吉

2013 年 11 月于内蒙古社会科学院

前　言

　　饮食文化"是人类文化中最为尖锐的象征符号之一"（克劳德·列维·斯特劳斯语）。它不仅是人类不同文化的根基，而且还是人类物质文化和精神文化最明显的交融点之一。不同的饮食结构、不同的饮食器皿、不同的饮食习俗、不同的饮食观，都传递着不同的族群对生命、对自然界、对人类未身以及对社会人生的独特认识和理解。饮食文化渗透在人类社会的方方面面，尤其在人生礼俗、人际交往（政治的、经济的、官方的、民间的）、岁时节庆、宗教祭祀等诸方面体现得更加突出。它是在礼仪规范下的社会生活中不可分割的组成部分。

　　蒙古族饮食文化是富有历史性、地域性和民族性特征的文化现象。在食材的选择、加工制作、炊具器皿、宴饮礼俗、饮食观念等诸多方面，均为独树一帜，包涵着与其他地区、其他民族饮食文化所不同的文化理念，展示着与众不同的文化魅力，它是世界饮食大观园中的一株艳丽的奇葩。《蒙古族饮食文化》为"内蒙古旅游文化丛书"之一，因此该书主要介绍了内蒙古地区蒙古族饮食文化，未涉及内蒙古以外其它地方的蒙古族饮食内容。而且内蒙古地区疆域辽阔，部落众多，虽说各地及各部落蒙古人有着共同的饮食风俗和饮食观，然而因各地、各部落不同的主营经济类型（纯牧区、半农半牧区、农区）等多种原因其饮食结构及加工方法和产品的名称不尽相同。甚至有些礼仪细节也有所不同，所以我们探讨蒙古族饮食文化时不能一概而论。故此，该书重点参照翁牛特地区蒙古人的饮食事项以及主要以民俗学学者扎格尔主编的《蒙古学百科全书.民俗卷》（内蒙古人民出版社，2010 年）为参考文献写就。因为该书作者生长在翁牛特部落亨尔只斤氏家庭，从小放过牛羊，挤过牛奶，加工过各种奶食品，亲临过当地传统的婚宴、寿宴等多种人生礼俗活动。所以对该地区的饮食文化的了解更加翔实一些。在相关章节里对此也做了一些说明。

　　拙著成书承蒙各界朋友们的关心和支持，在此深表谢意。内蒙古日报社中国蒙古语新闻网总编导、高级记者布仁赛音先生和内蒙古图书馆副研究馆员玉海先生提供了该书部分图片资料，这些珍贵的图片为拙著增添了不少光彩，特此致谢。图片资料中作者家里常用的食物及器皿的图片占一部分。

　　书中不当之处，望广大读者批评指正。

作者　莎日娜

2013 年 5 月 18 日

目　　录

饮食与民族文化
YINSHI YU MINZU WENHUA

　　饮食，本质上是动物界维系生命的普遍行为，然而人类的饮食除了裹腹维生以外却有了与其他动物的进食不同的意蕴或内涵。最初的加工烹调食物以及食用食物时的多种礼仪或禁忌，还有使用简单的饮食器皿，等等，都包含着人类的饮食与其它动物的进食所不同的意蕴。这种意蕴，对饮食这一裹腹维持生存的本能行为，赋予了异彩纷呈的意义。这就是人们通常所说的文化意蕴。

　　一般来讲，人类发明火并使用火来烹调食物的那一刻起，人类的饮食文化便产生。因为"文化根本上是一种'手段的实现'"（马林诺夫斯基：《文化论》，1987年），所以用火把食物烹调之后食

诗意浓浓的蒙古族早茶

用的这一行为，就有了明显的文化特质。在此意义上，火是人类饮食文化的缔造者。火的使用，标志着人类向动物界的彻底告别，从而逐渐走上了具有文化属性的社会动物的发展轨迹。

人类用火烹调食物的那一刻，因所处的自然环境和食物的来源、食物的种类等多种原因，也产生了烹饪和饮食行为上的差异，从而出现了不同地域、不同群体最初的、最简单的饮食文化差别。有句"依山吃山，傍水吃水"的俗话，说的就是人类不同饮食习惯的形成，一定程度上取决于族群赖以生存的自然环境这一朴素道理。众所周知，草原生态环境造就了游牧民族，以游牧生产方式和生活方式为物质基础的游牧社会环境，成就了游牧民族"食肉饮酪"式的、别具一格的饮食文化；而江河水域条件，推动了"嗜鱼莱稻茗"为特色的饮食文化的形成。故此，饮食曾成为区别异同族群的重要标志之一。就中国汉族地区饮食文化而言，对其不同的区域特色，早有"南甜北咸、东辣西酸"的大致概括。总之，饮食文化是具有浓郁的地域特色和鲜明的族群特质的文化现象，它是民族文化的重要象征之一。

饮食文化，不仅是人类不同文化的根基，而且还是人类物质文化和精神文化最明显的交融点之一。不同的饮食结构、不同的饮食器皿、不同的饮食习俗、不同的饮食观，都传递着不同的族群对生命、对自然界、对人类本身和对社会人生的独特认识和理解。饮食文化渗透在人类社会的方方面面，尤其是在人生礼俗、人际交往（政治的、经济的、官方的、民间的）、岁时节庆、宗教祭祀等诸方面体现得更加突出。饮食文化是在礼仪规范下的社会生活不可分割的一部分。

人类在适应复杂多样的自然生态环境和营造社会生态环境的过程当中，逐渐创造了独具特色的、瑰丽多姿的饮食文化。它是人类文化不可或缺的组成部分，"是人类文化中最为尖锐的象征符号之一"（克劳德·列维·斯特劳斯语）。

饮食与时代变迁

YINSHI YU SHIDAI BIANQIAN

　　衣、食、住、行等人类生活的基本行为，以食为准则，自古就有"民以食为天"一说。虽说不同地区和族群饮食结构的变化相对缓慢、相对稳定，但不是说它是一成不变的、静态的存在，而是始终都处于变革与完善状态之中的、一个动态的、开放的文化系统。

　　人类社会在不断的发展变化当中，实现着其历史进程，步履蹒跚地朝着未来走去。随着气候条件和生态环境与社会人文环境的变化，随着科学技术的日新月异，人类的生计方式也在不断改变。饮食文化作为人类生计文化的核心，也随之有了阶段性的发展特征。有研究者认为，将人类的饮食文化从其纵向上来考察，可划分为采集 — 渔猎经济时期的饮食文化、渔猎 — 农耕二元经济时期的饮食文化、农耕经济时代的饮食文化、工业经济时代的饮食文化等不同发展阶段，而不同发展阶段的饮食文化，无疑是有其不同的一面。

　　现代人类基本都生活在多元文化氛围之中。经济结构的多样性变化与文化的多元性变革，必然会改变原有的生态环境和社会文化结构，从而促使各民族饮食文化的变化。无论是在饮食结构、烹饪方法与烹调设备，还是在饮食习俗、饮食观等诸多方面，不知不觉、有意无意当中，各民族的饮食文化都在相互交融而发生着嬗变。

　　总之，时代的变迁影响着人类饮食文化的变化。因此，我们所说的哪个民族的饮食文化，实际上指的是其传统的、相对稳定的、特色鲜明的、独一无二的饮食文化事项或饮食文化现象，而不是其全部。

　　如今，全球化进程的不断加快，整个世界不同民族的饮食文化日益呈现出大交融的局面。各民族的饮食文化都处在将地域性、民族性、现代性和多元性融为一体的状态。随处可见的蒙餐馆、麦当劳、肯德基、吉野家、小丸子、韩国烧烤等快餐店，时刻对我们诉说着这种大交融的趋向和现代人对快捷、便利、简单化饮食的追求。故此，我们不能把一个民族的饮食文化视为游离于时代的、孤立的文化现象，而应该把它置于世界饮食文化这一整体视野当中来进行考察，把它作为这一整体的重要组成部分来了解与欣赏，这样会避免出现不必要的偏颇或误解。

当下蒙古人喜欢使用的时尚水晶餐具

蒙古族传统饮食结构

MENGGUZU CHUANTONG YINSHI JIEGOU

　　蒙古族饮食文化是富有历史性、地域性和民族性特征的文化现象。在材料的选择、加工制作、进食方式、炊具器皿、宴饮礼俗、饮食观等诸多方面，均为独树一帜，包涵着与其他地区、其他民族饮食文化所不同的文化理念，展示着与众不同的绚丽文化魅力。蒙古族饮食文化实属世界饮食大观园中的一株艳丽的奇葩。

　　饮食结构和饮食风味是饮食文化最基本内容之一。它是饮食文化的物质载体和外在形式。肉酪、美酒相融的饮食结构，是蒙古民族特征鲜明的传统饮食文化的根基，然而谷物和野果是其相随始终的辅

谷物与奶食的合理搭配

助物。蒙古民族虽说自古以来主营畜牧业经济，"逐水草而迁徙"的游牧生产方式在其经济生活中处于命脉地位，但是牧业不是其唯一的经济类型，采集、狩猎、捕捞、农耕、手工业等辅助类型始终作为程度不同的补充，在其经济结构中起着举足轻重的作用。当然，在其经济结构中，上述诸类型所占的比重有所不同。

进入现代社会以后，蒙古地区出现了纯牧区、半农半牧区和农区等三种经济类型区域，因各地的主要经济类型不同而其饮食结构也发生了很大的变化。纯牧区的蒙古人至今仍然保持着传统畜牧业经济为主的生产生活方式，从而他们的饮食结构还是以肉和乳为主，以谷物和蔬菜为辅。食用的肉类多是牛、绵羊、山羊、马、骆驼等五畜肉，也兼食猪、鸡等家畜家禽肉，再就是少量的野生动物肉。粮食中最普遍食用的是炒米（又叫蒙古米），尔后是面食居多。自古以来，文人墨客常说的"食肉饮酪"的饮食习惯，在牧区始终居于主导地位，但是不符合半农半牧区和农区蒙古人饮食结构的实际情况。半农半牧区的蒙古族兼营畜牧业和农业，饮食结构由肉、粮、乳组成，肉、粮、乳的所占比例比较均衡。而农区蒙古人的饮食结构以粮食为主，以肉、乳为辅。粮食包括五谷杂粮，肉类主要是牛、羊、猪、鸡等家畜家禽肉。

另外，蒙古地区疆域辽阔，部落众多。虽说各地、各部落蒙古人有着共同的饮食风俗和饮食观，然而，因各地、各部落的主营经济类型不同，其饮食结构及加工烹调方法和产品的名称、礼俗等不尽相同。故此，我们讨论蒙古族饮食结构，甚至谈论蒙古族饮食文化时，不能一概而论。该书主要谈及蒙古族传统饮食文化，即重点介绍具有鲜明民族文化特质的饮食与饮食事项。

蒙古族传统饮食种类
MENGGUZU CHUANTONG YINSHI ZHONGLEI

　　蒙古民族的以畜牧经济为主、农耕为辅的生产方式，决定了其传统饮食结构和饮食种类。肉酪、美酒相融的饮食结构，是对蒙古族饮食既粗略又精确的概括。可以通过传统饮食种类进一步了解其具体状况。众所周知，饮食通常包括饮品和食品两大内容。蒙古族传统饮食当然也包括食品和饮品这两大种类。蒙古族传统食品可归类为四大种类，传统饮品也可归纳为几种。

　　传统食品可分为：白食（乳及乳制类）、红食（肉及肉制类）、紫食（谷物粮食类）、青食（野菜野果类）等四大类。

白食（乳及乳制品）

　　乳及乳制类，蒙古人统称为白食，蒙古语叫"查干伊德根"或"查干伊德"。因乳及乳制品多数都呈白色，故此称其为"白食"，便于与呈红色的肉制品区分，也含有纯洁、高尚之衍生意义。乳制品中，黄油和黄油渣呈黄色和黄褐色，但它们是从洁白的乳汁中提炼出来的精华，理应归属于"白食"。乳，包括初乳、鲜奶或生奶、酸奶。它们是制作乳制品的原料。

　　乳制品，顾名思义，就是以五畜，即牛、绵羊、山羊、马、骆驼的乳汁加工而成的食品。乳制品可分为食品和饮料两大类，还可细分为乳酪类、油脂类、饮料类和酒水类，但习惯上还是分食品和饮料两大类的居多。

　　因蒙古地区疆域辽阔，部落众多，而蒙古各部落之间加工制作奶食品的方式方法也略有差别且名称不尽相同。在此，我们要介绍的是最常见的、有代表性的、主要的品种。蒙古族传统乳制品主要有奶油、白油、黄油、黄油渣、奶皮子、奶酪、比西拉嘎、各种奶酪团和奶酪蛋等。其中，奶油、白油、黄油、黄油渣为糊状体的油脂类食品，一般都佐餐食用，很少单独食用；奶皮子、奶酪、比西拉嘎、各种奶酪团和奶酪蛋均为固体，其中奶皮子，属于油脂类食品，但都可单独食用，也可佐餐食用。

　　传统乳制饮品主要有五畜初乳、鲜奶或生奶、酸奶、艾日格、塔日格、浩日市格、查嘎、澈格、奶酒、奶茶。其中，查嘎、奶酒、奶茶属于特殊饮品。因为查嘎酸性特强，不能直接饮用，一般是兑水喝，做面食时也能做调味品。它是蒙古人发明的纯天然的解毒液，食物中毒时喝查嘎能催吐解毒。奶酒，属于酒类，不同于一般饮料。奶茶，不属于乳制饮品，但它有鲜奶成分，有别于通常意义上的茶水，所以可归于此类。

琳琅满目的乳制品

红食（肉及肉制品）

肉及肉制品，蒙古人统称为红食，蒙古语叫"乌兰伊德根"或"乌兰伊德"。肉及肉制品均呈红色或红褐色，故称其红色食品，即"红食"。毫无疑问，这是与白色食品乳及乳制品相对而起的名称，既形象又确切。

蒙古族传统肉及肉制品，主要包括牛、绵羊、山羊、马、骆驼等五畜肉，还有少量的野生动物肉（兽肉、禽肉）及肉制品。蒙古人自古以来经营畜牧业的同时兼营适当的狩猎作业，因此，食用野生动物肉也是他们比较独特的饮食习惯。他们主要猎取野兔、野鸡、鹌鹑、黄羊、旱獭等野生动物，制作各种风味肉食。

蒙古人从宰杀牲畜到肉食的烹饪、摆放、进食、待客、保存、储藏等诸方面，均有其特定的规矩和方法。正是这种既定的规矩和方法，铸就了富有独特内涵的、独具一格的蒙古族饮食文化大厦。

待加工的白条羊

紫食（谷物粮食类）

　　蒙古人将以五谷杂粮加工制成的熟食统称为紫食，即紫色食品，蒙古语叫"宝如伊德根"或"宝如伊德"。"宝如伊德根"可直译为"熟了的食品"。蒙古人把加工制作半成品叫做"宝如拉嘎乎"（ᠪᠣᠷᠣᠯᠠᠭᠠᠬᠤ），意思就是把食物加工成半熟的程度。到熟的程度，就是"宝如伊德根"。所以紫食不只是指熟食的颜色，而与白食、青食的叫法一样，也有双层含义。

　　蒙古人最常食用的谷物有蒙古米（糜子米）、小米（谷子）、大米（稻谷）、黄米、白面（小麦面）、荞面等，常见的富有民族特色的传统紫食有炒米（脆炒米和硬炒米）、阿木斯（黄油干粥）、图古勒汤（奶油面片或奶油面疙瘩）、羊肉粥（干粥和稀粥）、蒙古包子、蒙古馅饼、马肉馅饼、骆驼馅饼、酸奶面、黄米干粥、黄油饼、酸奶饼、蒙古果条等。

蒙古果条与酸奶饼

青食（野菜野果类）

　　蒙古人将绿叶菜类统称为青菜，用青菜加工制成的菜肴叫青食，蒙古语叫"乎和伊德根"或"呼和伊德"，即"ᠬᠥᠬᠡ ᠢᠳᠡ"。蒙古人的色彩语言中把绿叶菜和青草一般不叫绿色蔬菜或绿菜、绿色食品、绿草。这与蒙古人赖以生存的生态环境和生产生活方式和由此产生的文化心理有着密切的关系。众所周知，破坏食物正常状态的霉菌，平常以肉眼看来是呈绿色的，就是说食物发霉腐烂时的颜色是带有绿色的。乳及乳制品发霉腐烂、肉及肉制品变质糜烂时，更为如此。还有，湖泊、水潭等非流动式水源，因种种原因而被污染时，也呈霉菌绿色。因此，对以肉酪为主要食物，世世代代生息在水源短缺的内陆高原而把水源视为命根子的蒙古人来说，涉及到食物或水的"绿色"，对他们来说无疑是非常生厌而要极力避讳的词汇。故此，自古以来，蒙古人将绿色食物均称为青食。这是文化心理的一种表现，文化心理是民

野生杏仁与榛子

族文化的隐形根源。

蒙古高原的野果、野菜资源非常丰富，种类数不胜数。野菜和野果是蒙古人调节日常食谱、补充营养的重要绿色食物。经常食用的野菜和野果有野韭菜、山葱、蒙古葱（沙葱）、多根葱、蝎子草、苋菜、各种蘑菇、委陵菜、板栗、苦菜、黄花、山丹、地皮菜、发菜、地梢瓜、蕨菜等。这些野菜是蒙古人日常生活中不可或缺的副食品。常用的野果有杜李（山顶子）、稠李（稠李子）、野葡萄、松子、桑果、山杏、酸枣、山楂、欧李、麻黄果、榛子等几十种之多。

游牧生产方式和蒙古高原的内陆干旱气候，没有为蒙古人提供种植多种蔬菜的舒适条件。但是逐水草而居的蒙古人，依靠上苍赋予他们的独特而又丰饶的土地和稀有的物产，凭借自己的聪明才智，在长期的生产和生活实践中，发现并开发了很多野生资源来辅助于以肉与奶酪为主的饮食，从而补充不能从肉和奶酪里汲取的营养成分。野韭菜、山葱、蒙古葱（沙葱）、蕨菜、多根葱等主要是来做馅子或咸菜（小菜），而用苋菜、各种蘑菇、委陵菜、板栗、苦菜、黄花、山丹、地皮菜、发菜、地梢瓜等做各种肉汤或做面条、面片时用来调味。蒙古葱（沙葱）包子和蒙古葱（沙葱）小菜颇有名。内蒙古克什克腾旗的蕨菜、地瓜，呼伦贝尔草原和兴安盟的猴头蘑菇和草原花脸蘑菇、黄花、黑木耳等野菜名扬四海，是市场上的抢手货和馈赠亲朋好友的佳品。

野果有的直接生吃，有的在加工制作奶食品时添加其果肉或果汁来润色或调味，有的果仁用于酿酒、榨油。在蒙古地区，用山杏核榨出的杏油比较出名。有的野果是难得的药材。

草原野生蘑菇闻名遐迩

传统饮品

　　将传统饮品也可归纳为以下几种：

　　乳制饮料　乳制饮料就是蒙古人用传统手工艺以五畜的奶汁加工制作而成的饮品。传统乳制饮料主要有澈格、艾日格、塔日格、浩日莫格、查嘎等几种。

　　茶类　茶类主要包括各种野生茶树叶做成的奶茶类和青（素）茶类。

　　奶酒类　奶酒类主要是牧民以五畜奶自酿的奶酒类和谷物酝酿的白酒类。五畜奶汁加工制作的奶酒也叫蒙古酒。

　　矿泉水类　矿泉水指的是未经加工包装的纯天然泉水。干旱缺水的蒙古高原不乏拥有清澈甘甜的神秘泉水。蒙古语叫天然泉眼为"阿日善宝拉格"，意思就是苍天赐予的"圣泉"。喜欢喝大自然赐予的甘露圣水，可以说，也是草原蒙古人的一种秉性。所以在此我们把矿泉水类也归类于蒙古人常喝的传统饮料里。

蒙古族传统饮食的季节性特征
MENGGUZU CHUANTONG YINSHI DE JIJIEXING TEZHENG

　　季节性特点是人类饮食的普遍规律。不管是经营何种经济类型来维系生存，其季节性特点是一致的。然而，游牧民族"肉酪结构"饮食的季节性特点更加突出。"四季牧歌"是逐水草而居的游牧民族生活之生动写照，不仅是其自然气候四季鲜明，而且其生产与生活随着气候的变化而吟唱着永恒的季节牧歌。"刀不离手的吃肉，盅不离嘴的喝酒"是蒙古族先民描绘的史诗英雄所追求的幸福生活的重要一面。然而，在现实生活中，蒙古民族对饮食的季节性要求很高，不可能一年四季"刀不离手的吃肉，盅不离嘴的喝酒"，春夏秋冬对肉与奶酪的搭配食用堪称一绝。一般是夏、秋季节以奶食为主，冬、春季节以肉食为主。

　　春末夏初，南归的燕子飞到北方草原来，不久草原遍地碧波荡漾，母畜开始生仔。草原的夏季，是奶的海洋，是奶的季节。牧民在夏季，以五畜的奶汁加工制作各种各样的食品和饮料来滋润美好的生活。奶油拌炒米、酸奶泡果条、奶茶泡炒米、奶油面片、黄油干粥等等，都是牧民的夏季美味佳肴。

　　还有，液体食品撒格，也是夏天的宝物。撒格是集饮料、食品、药物为一体的神奇、绝妙的奶制饮品。它是由鲜马奶经发酵而酿成的酸性饮品，因此，汉语称其为"酸马奶"。说撒格是一种神奇的饮品，是因为它不但是夏季草原最主要的饮料之一，而且它还是能够提供人体所需繁杂食物营养的液体食品。据专家研究，在构成人体脂肪所需要的二十余种氨基酸当中，必须通过食物才能吸收到的八种氨基酸，均可从撒格中获得。撒格还富含蛋白质、碳水化合物和多种维生素、钙等微量元素。马奶的营养成分比例与人乳的营养成分比例最接近，尤其是维生素C的含量比其它任何畜奶的含量都高。因此，人体容易吸收马奶中的营养。故此澈格不但能够解渴，而且还能充饥。一到夏季，草原牧人每天喝几碗澈格就可度日。澈格的这一特殊功能，史料早有记载。鲁布鲁克在他那名扬四海的《东游记》中就说，蒙古人夏天有了忽迷斯（即澈格），就不太吃其他食物。宋朝使节徐霆所著《黑鞑事略》中，也有"蒙古人用马奶代替食物"、"十万大军安营，却不见袅袅炊烟"之类的记载。澈格是一种名副其实的液体面包。查嘎也是夏天兑制乳酸饮料的难得的原料。

农历五六月份，牲畜开始抓水膘。抓水膘，就是把牛羊五畜放牧到水草丰美的地方，让它们长肉长胖。夏天的草市水分大，牲畜的膘是相对虚些，所以牧人把此时的膘情叫做"水膘"。夏季养肥，称抓水膘。七八月份开始，放牧畜群去养油膘。秋天的草市已开花、结果水分退去并油分上足，吃秋草的牲畜的膘情是相对实的，所以牧人将此时的膘情叫做"油膘"。 一般，在农历十月为牲畜膘情最好的时候，这时草原牧人开始宰杀牲畜。宰杀牲畜，除了现吃以外，主要是储存，储存到冬、春季节食用，故称"冬储肉"，俗称"卧羊"和"卧牛"。"卧羊"和"卧牛"是草原上的一件大事，大家都非常重视。储存形式有剔骨储存、带骨分解储存、整羊整牛储存等多种。整羊整牛形式储存的冬储肉，蒙古语叫"哈布苏日嘎"。除此之外还有定形储存的形式。定形储存的冬储肉，待有节庆、要事、接待贵宾或探望亲朋好友等特殊情况时备用。将灌血肠及五畜的内脏装于牛肚里冬储，待到春、夏季节调节食谱食用。储存灌血肠及五畜内脏的冻肚子，蒙古语叫做"斋答斯"。牧民把冬季的储肉准备充足后一直食用到来年的秋季，一直到第二年的秋末一般不再屠杀牲畜。如果家里有生产坐月子的妇女或身体虚弱的病人需要新鲜肉食时，那么也有夏季宰杀牲畜的。除了这种特殊情况外，夏、秋季节草原牧人的食谱以奶食为主。

牧人还有一种值得一提的储存畜肉的方法，那就是做风干肉条。

风干肉条，蒙古语叫做"宝日查"。秋末冬初，将剔骨的牛羊肉切成长条，撒些食盐，挂在阴凉通风处晒干。风干肉条、可直接煮食、做面食汤料或炖菜、烩菜食用，还可碾碎后做肉末食用。肉干、味道纯正、营养丰富、食用方便，它是牧人夏季的主要肉食来源。

冬季是大量吃肉的季节。冬储肉，就是冬季的主要食物。

草原经过漫长冬天的休眠，等到春天万物复苏时节，牲畜不再吃隔年的枯草，青草又吃不饱，"满眼绿色却无草"的草原上，整天在追青的牛羊没有油膘可言。春天，就是通常所说的牲畜"跑青"季节。"跑青"季节的牲畜肉是皮包骨的薄肉，牧民春季基本不再宰杀牛羊。春天的食谱主要以冬储肉和风干肉及五谷杂粮来搭配。

在城市里有时确实对季节变换不敏感。如今，城市里，还有在旅游点上一般都以按需做谱，肉酪结构的季节性特点已经不很明显。也许这就是现代人生活状况的一种体现吧。

盛夏挤马奶

蒙古族传统饮食的加工与烹饪方法

MENGGUZU CHUANTONG YINSHI DE JIAGONG YU PENGREN FANGFA

烹饪与制作方法是饮食文化不可忽略的内容之一。因不同的烹饪方法和加工制作方法，同类材料做出来的菜肴会变成完全不同的外形与味道。例如，同样以羊肉作为材料的肉食，因其加工与烹饪方法的不同而会变成不同地域、不同民族风格的美食。

在飞速发展的现代科技的冲击下，在日趋增多的调味品的推动下，人类饮食制作与烹饪方法有了突飞猛进变化。但是在加工与烹饪方面，蒙古族传统饮食还是以古老的手工作业方式为主，变化甚微。例如，手把肉与血肠的加工制作方法就是如此。

在蒙古地区，不同部落的饮食加工与烹调方法有所不同，但是其基本方法、总纲都是大致相同的。就肉食而言，多用煮、烤、炒、涮、脯、炙、腊等方法来加工制作。冷水煮的手把肉为最常见的肉类美味。脯制的风干牛肉，也是蒙古地区富有声望的、闻名遐迩的特色美食。

白食的加工，平常情况下，以静放凝固发酸、发酵、慢熬、沸煮、炼、酿等方法来制作各种质地的食品和饮品。以静放的方法制作出来的酸奶为最常见的原生态奶食，它是深加工各种奶食品的原料。自然凝固的酸奶能够分离出奶油、酸水等衍生奶食，深加工能够制作出奶酪、黄油、查嘎、酸酪蛋等奶食品。

面食的加工制作通常使用蒸、煮、炸、煎等方法。包子和油炸果条是牧区最常见的面食。油炸果条一般用牛羊等动物脂肪油来炸制。

菜类炖、烩的多，很少使用大众化的炒、炸、煎、回锅等烹饪方法。

所以，在蒙古地区，植物油的使用量相对少些。在牧区，蒙古族老人至今还是不太习惯吃炒菜类，炖菜和烩菜是他们的最爱。

在加工程序上，将初步加工的食物或半成品再做深度加工来制作各种美味佳肴，也是蒙古族传统饮食在烹饪加工方面的显著特色。

文火炼黄油

蒙古族饮食宴请风俗
MENGGUZU YINSHI YANQING FENGSU

众所周知，饮食是诸礼之始（参见《礼记·礼运》）。饮食涉及到人生礼俗（降生、生日、婚礼、丧葬等）、岁时节庆、人际交往、宗教祭祀等人类社会方方面面的礼仪习俗。从这种意义上来讲，饮食是一定礼仪规范下的人类社会文化不可或缺的组成部分。蒙古族饮食文化也是集美食、美味、美器、美礼为一体的别具一格的文化现象。不同的饮食观，不同的人生观，甚至不同的世界观，支配着饮食礼仪，从而在人类不同的族群当中便产生了妙趣横生的各种宴饮风俗。蒙古族宴饮风俗，与其独特的饮食结构、饮食种类和饮食器皿一样，独具风格。

该章节里主要介绍蒙古族独具风格的几种宴饮风俗。例如，蒙古民族自古以来具有馈赠食物的习俗，但是这种习俗为东方文化之普遍现象，故此这种内容不予介绍。

敬天、敬地、敬祖先的醮洒风俗（ᠳᠡᠭᠡᠳᠦ ᠲᠡᠭᠷᠢ ᠲᠠᠬᠢᠬᠤ ᠶᠣᠰᠤᠨ ）

以泼洒食物的形式来祭奠苍天、大地、祖先神灵的习惯是蒙古族古老而又非常重要的传统风俗，是蒙古文化不可忽略的内容之一，蒙古语称其为"奉献萨楚力"，即"ᠰᠠᠴᠤᠯᠢ ᠡᠷᠭᠦᠬᠦ"。醮洒酒水的祭祀行为叫做"奉献斯日吉市"，即"ᠰᠡᠷᠵᠢᠮ ᠡᠷᠭᠦᠬᠦ"。通常是将食物食用前，以它的德吉，即食物的头一口或头一份来醮洒，以示对苍天、大地、祖先圣灵的无限敬重和对苍天、大地、祖先圣灵千百年来对他们恩惠的答谢。在草原蒙古人看来，人间美好的生活都离不开苍天、大地、祖先神灵的保佑与恩赐，尤其天下美食是苍天、大地、祖先神灵赐予他们的尤物。故此，时时刻刻都要记住并表达对他们的敬意，才是做人不能忽略的千古之道。除了熟食以外，往往用刚挤下来的鲜奶和刚酿制出锅的酒水的头一口或头一份来酹洒。还有常以早晨新熬煮的奶茶来祭拜。

　　在蒙古地区，一切祭祀活动都离不开酹洒仪式。成吉思汗圣灵的祭奠作为蒙古民族最大的祭祀活动，也是以酹洒仪式开篇。祭火、祭敖包、祭祖先，甚至在喝大年初一的早茶时蒙古人必定都要进行酹洒仪式。还有一种常见的祭洒情景就是家里有人出远门而启程时亲人在其家门口为之酹洒鲜奶以求平安如意。因此人世间时常会出现一幅永不褪色的动人画卷，那就是在广袤无垠的草原深处一座蒙古包门前有一位沧桑母亲左手拎着一口精致的奶桶，右手握着一把市质的勺

酹洒鲜奶

子，深情地凝望着起程远去的儿女背影并向天空醮洒鲜奶。千百年来这一幅特殊的风情画卷，那一尊沧桑母亲的身影，不知萦绕在多少背井离乡的草原儿女的梦中，不知牵动过多少草原儿女的思乡之情。

出门的人如果在途中遇到敖包或泉眼时也要下马以随身携带的食物向敖包和泉眼进行醮洒，祈求山水神灵的保佑。

醮洒食物风俗是蒙古族饮食文化与众不同的一大亮点。它蕴涵着蒙古人对世间万物之关联的认识，是以食品作为载体来表达期望与祈求的一种方式。所以饮食行为往往是一个民族物质与精神文化的交融点。人类瑰丽多姿的饮食文化往往由此而产生，由此而不时释放着耀眼的光芒。

敬献食物"德吉"的尊老习俗（ᠳᠡᠵᠢ ᠪᠠᠷᠢᠬᠤ）

以泼洒食物的形式来祭奠苍天、大地、祖先神灵的习惯，其实也是一种敬献食物的"德吉"，即食物的头一口或头一份的礼俗。然而，因其对象和目的不同而其名称不尽一致。一般是祭祀活动以泼洒的形式向苍天、大地、祖先神灵敬献食物之头一份的习俗叫做醮洒，即"奉献萨楚力"或"奉献斯日吉市"。而在日常生活中，不管是在宴席上，还是在一日三餐上，向老人或长辈敬献食物头一口或头一份的礼俗，叫做"敬献德吉"，蒙古语叫做"ᠳᠡᠵᠢ ᠪᠠᠷᠢᠬᠤ"，即"德吉——巴日忽"、"德吉——德卜树勒忽（ᠳᠡᠵᠢ ᠳᠡᠪᠰᠢᠯᠡᠬᠦ）"。

以翁牛特蒙古人的习俗为例，将食物的"德吉"，先向家里供奉的佛祖敬献，之后再向家里的老人和长辈敬献。家里不供奉佛祖的人家，要先敬献老人。家里没有祖父祖母以上辈分的老人，就要向父母兄长敬献。晚辈们在任何时候、任何场合，都不能自顾自地先吃食物的头一份。那当然被看作是不懂规矩、没有家教，缺乏尊老爱幼的传统美德的行为。蒙古人至今仍尊奉着这一传统习俗。至今在任何档次、任何规格、任何形式的宴席上，蒙古人都不会按照客人的身份、地位、官衔来敬献"德吉",而是论岁数的大小来敬献。

　　敬献食物"德吉"的习俗是蒙古人尊老爱幼的传统美德在餐饮行为上的一种体现。它时刻向世人展示着蒙古人重视礼节重视精神享受的秉性。而且这种非常张扬的形式,也是蒙古人以身作则,教育子孙后代的有力法宝。它是蒙古族饮食文化之瑰丽篇章。

食物的"德吉"献给德高望重的老人

招福祈祥的涂抹祭礼俗（ᠮᠢᠯᠢᠶᠠᠯᠭ᠎ᠠ ᠨᠢ）

　　以涂抹食物的形式来招福祈祥的传统礼俗，如同敬天、敬地、敬祖先的醇洒食物风俗和敬献食物"德吉"的尊老习俗一样，在蒙古族饮食文化当中占有重要地位。如果说醇洒食物的形式是对隐形世界里的虚幻神灵的一种祭拜行为，那么以涂抹食物的方式来招福祈祥的行为是对现实生活中看得见摸得着的特殊物体的一种祝福形式。毋庸置疑，这些行为都是蒙古人期盼美好未来生活的祈福心理的物化表达。蒙古语将食物涂抹祭仪式称作"米礼雅勒格——黑忽（ᠮᠢᠯᠢᠶᠠᠯᠭ᠎ᠠ ᠨᠢ）"或"米礼雅忽（ᠮᠢᠯᠢᠶᠠᠬᠤ）"。

　　在蒙古人看来，黄油和奶油是乳汁的精华、乳制品之最。它是高尚与纯洁的象征，它会给人们带来享不尽的福分和道不完的吉祥如意。因此他们常在需要祈福的物品上涂抹一些黄油来对它进行祝福。缺乏黄油时，常以动物脂肪油或奶油、鲜奶来替代。

　　蒙古人认为日常生活用品、生产劳动工具、交通工具、居住的

涂抹祭必备品凝固的黄油

房屋、穿戴的服饰、裹腹的食物、作为生产与生活保障的五畜，还有传宗接代的婴幼儿等等都应该经常得到祝福，因为如果没有这些物品，人类的衣食住行就会失去保障，更无法想象人类的繁衍生息。因此常常在刚降生的婴儿额头上象征性地抹一点黄油，或在婴幼儿的满月、百日等庆典上在婴幼儿的额头上涂抹一些黄油来以物代言祝福他们茁壮成长，长命百岁；当孩子初学骑马时父亲或兄长把他扶上马背并在其坐骑的额头上涂抹一点黄油来祝福它成为主人的忠诚伙伴，祝福马背上的孩子成为英雄好汉；初春时节当接下当年的第一头仔畜（羊羔、牛犊或马驹）时，认为这些可爱的仔畜是吉祥与欢乐，财富与信心的先兆，因此在仔畜的额头上涂抹一些食物的精华黄油，以示祝福它们成为畜群的领头羊或者领头牛，祝福它们成为日行万里的骏马。还有就是在新包搭建、新车制成、新衣上身等等日常生活当中认为值得纪念、值得祝福的时刻蒙古人都会以涂抹黄油的方式来进行祝福。此刻，一滴黄油，承载了蒙古人对美好生活的无限期盼。

蒙古人总是把人生当中的"首次"，视作非同一般的重要事项来认真对待。正是这种锲而不舍的精神、富有诗意的风俗为他们的平淡而劳累的一生增添了无尽的情趣和华彩篇章。这就是人类文化当中风俗事项的魅力所在，其延绵传承的原因所在。

比较重要的涂抹仪式，一般由当地德高望重的长者或者喇嘛来主持，平常的家庭涂抹祭仪式都由主人或主妇来完成。

招财纳福的召唤礼仪（ᠠᠷᠢᠶᠠᠯᠤᠨ ᠨᠣᠮᠣ）

以食物祈求招财纳福，也是蒙古族饮食之一大功能。以食物祈求招财纳福仪式与敬天、敬地、敬祖先的酹洒食物风俗，敬献食物"德吉"的尊老礼仪，招福祈祥的食物涂抹祭礼俗相同也是蒙古人希望利用特殊食物来实现其精神需求的古老习俗。招财纳福的召唤礼仪，蒙古语叫做"达拉拉格——阿卜忽（ᠠᠷᠢᠶᠠᠯᠤᠨ ᠨᠣᠮᠣ）"。

招财纳福仪式也分几种。一种是请求亡故者留下其福气的纳福仪式，另一种是普通的招财仪式，还有就是蒙古人古老而又非常独特的春、秋两季候鸟招财仪式。以赤峰地区蒙古人的习俗为例，家里的老人亡故出殡时，灵柩车出发的那一刻，其晚辈们在盘子里托着灌充煮熟的羊胃到大门口默默呼唤既定的口号"呼瑞！呼瑞！呼瑞！"来进行留住先人福气的简便仪式，以此形式请求亡故的长辈把一生的福分留给子孙后代，不要把福气带走。也有的地方，灵柩车马准备出发时，盘子里端上没有灌充却煮熟的羊胃来按照顺时针方向绕行灵柩车三遍并默默呼唤"呼瑞！呼瑞！呼瑞！"特定词语，祈求先人把福气留给他们。这种简短的招福仪式过后家人要把采纳福分的羊胃吃掉。家里的每个成员都要吃一份采纳福分的羊胃却不能给外人吃，外人里包括亲外甥。另一种常见的招财纳福仪式就是将家里的爱畜作为礼物不得不赠送时，或者不得不抵债时，或不得不卖掉时，主人往往以系上红色绸缎的剪刀来剪一些爱畜的鬃毛或尾毛握于手中，并随其远离的背影呼唤"呼瑞！呼瑞！呼瑞！"三次，留下心爱的家畜的福分。"呼瑞"是蒙古语，是招财纳福的专用词语，可简单理解为招呼对方过来的意思。

春、秋两季候鸟招财仪式习俗属于最古老而独特的一种。如今，在现实生活当中这种习俗基本绝迹。然而，蒙古人春、秋两季候鸟招财仪式在过去是很重要、很隆重的。为此它为后人留下了非常宝贵的候鸟招财仪式召唤词，这些候鸟招财仪式召唤词如今已成为了蒙古族民间文学和古典文学非常重要的稀世文本而被珍藏。候鸟招财仪式就是草原牧人在每年南归的候鸟回到北方高原时进行的招财纳福仪式。对生活在北方高原冬季恶劣的自然环境下的牧人来说，候鸟是是万物复苏的象征，是吉祥与欢乐、丰收与平安的象征。每到南归的候鸟唱着牧歌来到蒙古高原，而且高调宣布又一个丰硕平安的年到来时，草原牧人都会聚集在一起，手捧盛满五谷杂粮和奶食品及金银珠宝的专用招财桶，在主持人的带领下大家一起呼唤"呼瑞！呼瑞！呼瑞！"招财语来进行招财纳福仪式，把从南方飞来的吉祥候鸟带来的福气与财气呼唤过来并纳入温馨又富裕生活的每个角落。

在蒙古人的招财纳福仪式中，食物起着非常重要的作用。它是牧人心灵深处千言万语的替代物，是通往理想彼岸的桥梁，是向充满神力的隐形世界传达人类美好愿望的媒介，是梦想成真的保障。蒙古人对奶食品情有独钟，对于他们来说奶食品不仅是裹腹维生的食物，更重要的是帮助他们实现美好愿望的万能之物。

祝赞食物的感恩习尚（ ᠶᠥᠷᠥᠭᠡᠯ ）

对以牧业经济为主的草原牧人来说，牲畜的全身都是宝，它能带来欢乐、能缔造幸福、能启迪人的智慧，甚至它常常蕴涵着人生真谛。故此，对牛、羊、马、骆驼等五畜体格各个部位的认识与鉴赏、赞美与祝福，就成为了草原牧人精神文化生活中举足轻重的内容之一。从而自古至今，产生了无数美妙诗篇，并广泛流传。比如，蒙古人的《绵羊祭洒词》、《牛犊祭洒词》、《马驹祭洒词》、《术斯祝词》、《羊背祝词》等等，不仅成为了蒙古族文学史上的绚丽篇章，甚至成为了人类文学与文化史上的宝贵财富而被人们称道。乳及乳制品的祝颂，也是蒙古人自古以来传承下来的最常见的礼仪范文。其中，奶酒的颂扬最为典型。祝赞食物，蒙古语叫做"予若勒——德卜树勒忽（ ᠶᠥᠷᠥᠭᠡᠯ ）"或"予若忽（ ᠶᠥᠷᠥᠭ ）"。

蒙古人对牲畜及肉制品的祝颂，一般都在宴席上出现。例如，在盛宴上敬献烤全羊、煮全羊等极品佳肴时，往往伴以咏诵情趣盎然的祝赞词，并进行醮酒、涂抹等仪式。这种独具一格的习俗，为蒙古族宴饮活动注入了多彩多姿而又勃勃生机的文化气息，从而不断吸引着四海宾客前来蒙古地区亲身体验这种庄重而又神圣的待客礼仪。祝赞内容主要是生动描述并赞美该美味佳肴的原料——绵羊的秉性及其各个部位的奇妙特点和作用，还有对即将享用此番美食的嘉宾亲友的诚挚祝福。例如，《鄂尔多斯风俗志》记载的《术斯祝词》是这样写的："鼠年出生／牛年成长／虎年煮汤／老妪捉不住／小孩追不上／将这宝贝似的羯羊／宰杀做成全羊／…愿各位嘉宾／不要客气谦让／…祝福宏运当头。"《术斯祝词》里最常见的词句有"喝了吉祥河的水／吃了丰美滩的草／…的通体芳香的羯羊肉"等等。献词者用美妙动听的语言祝赞的同时在全羊的额头上涂抹一些黄油、醮洒少许美酒，并让每位客人品尝一口鲜奶，以示祝福。

　　除了全羊术斯以外，蒙古人还有祝赞牛羊某些部位骨骼的奇特风尚。最普遍的是牛羊肩胛骨和脖颈骨的祝赞。蒙古人有"肩胛骨大家吃"的习俗（省略典故）。因为在牧人看来，肩胛骨是畜肉里属于比较好吃的部位，故此，"肩胛骨大家吃"的习俗含有"有福同享"的寓意。

　　绵羊的肩胛骨也是古人极其珍惜的驱邪避凶的神圣之物。肩胛

咏诵祝词（卸全羊术斯时咏赞绵羊及祝福宾客）

骨用来占卜，是自古流传下来的东方人共同拥有的古老习俗。蒙古人丢失牲畜、出门远程、换四季牧场等日常行为当中常用烤炙的肩胛骨来卜以吉凶，甚至推测未来。久而久之，就形成了食用肩胛骨时对其进行祝赞的风俗。在各种大小宴会上，主人常在客人吃净的肩胛骨上放置一条绵羊尾巴肥肉和一杯美酒，请祝颂人对其进行祝颂。祝赞词的内容主要是肩胛骨奇特形状的生动描述与赞美。

对脖颈骨（又名寰椎骨、锁骨）的祝赞，与古代蒙古人万物皆有灵的灵魂观和脖颈骨的特征所衍生出来的象征意义有关。古代蒙古人认为动物的灵魂存在于其血液和身体的几个特殊部位。脖颈骨是其中的一个，为此，脖颈骨就成为了动物身上的神圣部位，食用它的时候当然要对其进行祝赞。祝赞脖颈骨的还有一个重要原因来自于它的特殊性。那就是动物脖颈骨的关节之间锁得非常牢固，因此，蒙古人赋予了它"牢不可破"的寓意。蒙古人有在举行婚礼的时候新婚夫妇共同吃一块儿脖颈肉并收藏该脖颈骨的习俗。这就是脖颈骨"牢不可破"的象征意义在生活当中的运用。民间传有很多古老的《寰椎祝词》，这些情趣盎然的美妙诗篇是民族文化耀眼的瑰宝。

祝赞食物的习尚，实则为蒙古人对大自然万物，对所谓的隐形世界里神灵的感恩心理的一种体现。他们认为大自然及隐形世界里的神灵为他们提供了美不胜收、用之不竭的佳肴，为此应该时常感念，借用各种大小宴饮场面，以华美的诗章来颂扬它们的恩德，并抒发内心的感激之情。这也是古代蒙古人相信神秘的语言力量能够带来吉祥与如意的思想认识的展现。

祝赞美食的风俗是集语言民俗、行为民俗和心理民俗为一体的养眼又养心的奇特民俗事项。

食物分份子的文明习惯（ ᠢᠳᠡᠭᠡ ᠲᠤᠭᠠᠷᠢᠯᠠᠬᠤ ）

　　蒙古人不管是在盛宴上，还是在平时待客时，或者是在一日三餐上，几乎每一种食物都要分份子分给在场的每个人，不在现场却非考虑不可的人，也要分一份搁置待用的文明习惯。某些特殊食物更要如此。这种习惯叫做分份子，也叫吃份子。蒙古语称"浩毕——图各忽"，即"ᠢᠳᠡᠭᠡ ᠲᠤᠭᠠᠷᠢᠯᠠᠬᠤ"、"ᠢᠳᠡᠭᠡ ᠲᠤᠭᠠᠷᠢᠯᠠᠬᠤ"、"ᠢᠳᠡᠭᠡ ᠲᠤᠭᠠᠷᠢᠯᠠᠬᠤ"。"浩毕"是"份子"之意。"图各忽"为分给的意思。

　　吃份子，是蒙古人从很久以前就传承下来的古老习俗，也是蒙古族饮食文化独具特色的亮点之一。《蒙古秘史》中就有记载称，帖木真（成吉思汗）的父亲也速该去世后的有一年春天，俺巴孩汗的两个夫人祭祀祖宗时，因帖木真的母亲诃额仑迟到而没有分给她祭祀品（即茶、饭、酒、肉等）的份子，为此诃额仑夫人与她们理论并不欢而散，最终导致双方分道扬镳，俺巴孩汗的一帮人将诃额仑夫人一家孤儿寡母仍在旧营盘上搬走了。这是有关蒙古人吃份子习惯的最早而具有权威性的史料记载（巴雅尔，《蒙古秘史》，上册，内蒙古人民出版社，1980年）。不管是男女老少，不管是主人还是客人，不管是被邀请的客人还是自到的路人，不管是身份地位显赫的达官贵人还是平头百姓，不管是远道而来的嘉宾还是左邻右舍的亲朋好友，只要是在宴饮现场，美食都要一一分发到每个人的手里，不能粗心大意而漏掉谁。不管何种原因，如漏掉谁，那就被视作莫大的失礼行为而受到众人的指责。

　　收到食物份子的人，不管份子的量有多少，不管是喜欢与否，都应该非常有礼貌地伸过手来用掌心接住并向主人表示谢意。分到的份子的量多却不太适合个人的口味时，也要尽量吃完它，以示对主人、对礼俗、对食物的尊重。

　　因种种原因应该在现场而却不在现场的人员，某些食物的份子一定要留给他们，等他们回来之后美美享用。另有，家里供奉的佛祖，还有火神等都有一份份子。有时，甚至连在主人家门口站岗放哨的爱犬也能分到一份，在马桩上叽叽喳喳报喜的喜鹊也有一份儿。当然了，它们的份子是与众不同的。一般是将胸叉骨的尖端肉献给佛祖和火神，而从脖颈或短肋、尾巴的末端等部位切割一些给爱犬和喜鹊。对牧人来说，爱犬虽说是其忠诚的伙伴，是畜群和院落的忠实守护者，然而，它是无法与神灵相提并论的。所以，蒙古人往往将食物的头一份敬上（表示高看一眼的意思）佛祖和火神，而把末一份或锅底扔（表示下看一眼的意思）给爱犬。至于喜鹊，吃不吃无所谓，撒给它一些米谷等，算是食物的份子分到了。

蒙古人醮酒或祭洒食物来敬天地诸神的风俗，实则也是为苍天、大地和祖先神灵，还有向世间万物分给食物份子的变相形式。

先茶后酒、先乳后肉的宴饮风尚

先茶后酒、先乳后肉是蒙古族饮食习惯的精确概括。乳，即乳制品。肉，即肉食品。无论是大小宴席，或者在与邻里间日常往来当中招待客人时，礼数都以先茶后酒、先乳后肉的既定程序来完成。这种永远不变的既定程序，就是通常意义上的习俗或风俗。看得见摸得着的现形文化和看不见摸不着的隐形文化意蕴，均包含在其中。除了特殊情况外，不管是刺骨寒冬，还是炎炎盛夏，蒙古人都是先给客人献上新煮的热奶茶的同时拿出一些奶制品来招待客人。尤其是在婚宴、寿宴上，茶礼和酒席分得非常清楚，不得因任何理由混淆。主人若以偷梁换柱、敷衍了事的态度来对待来客，茶礼和酒席分得不清，那么，来客中的懂事理的人就会挑理，有时甚至挑出事端来大张旗鼓地"教训"不识礼数的主人。在翁牛特等地，这种情况屡次不断。尽管人们对婚宴或寿宴上的"挑刺者"看法不同，并且持反对意见的人居多，但是从捍卫文化传统的角度去审视其过激行为，那么他们才是传统民族文化的忠实守护者和传承者，是无名英雄，是功臣，理应受到尊重而不应受到指责。

茶礼的主要内容是饮用奶茶，品尝乳制品。茶礼过后，方能进行酒宴。酒宴上的美味佳肴以喷香肥美的手扒肉及肉制品为主。

茶礼和美酒肉酪相融的蒙古族酒宴，有很多讲究。因另有章节介绍，在此不再赘述。

献茶风俗

在蒙古人家喝茶有很多讲究。不管是远道而来的嘉宾，还是萍水相逢的过路人，或左邻右舍的亲朋好友，只要是客人登门，蒙古族主妇都会熬煮新奶茶来招待客人。因为蒙古人讲究无论何时何地、无论何种规格与档次的宴席，或平时在家里，都忌讳以旧茶来招待客人。

新煮的奶茶首先向天地山水、祖先的圣灵、火神等作为"德吉"泼洒少许之后，才给客人进茶。来客人数多时，要按年龄的大小，从

乳香四溢的奶茶

长辈开始依次敬茶。端茶时，主人一定要衣冠整齐、仪态得体，并热情诚恳地将热茶用双手捧送到客人手里。因为，此刻的浓香四溢、热气腾腾的奶茶，不仅仅是为客人解渴的饮品，而它已是对客人最简便的欢迎仪式，对客人的一份心意。

蒙古人以"满杯酒、半碗茶"为礼貌。"半碗茶"，不是说正好半碗或小半碗，而是不能太满为准。这种习俗，也有它的缘由和道理。奶茶一般都用大口茶碗来盛，若盛茶太满，一旦敬茶或接茶人的手指伸进茶水中，既容易烫伤又不卫生不雅观。如果担心手指伸入茶水而将手指翘起，那么同样也不文雅不得体，甚至被视为对对方的不尊重行为。

不仅盛茶、递茶姿势都有其既定模式，并且盛茶的茶具也有讲究。茶碗不能有裂纹，更不能有豁口，否则视作失礼和对客人的蔑视。另有，续茶的时候把客人的茶碗接过来倒茶也是不可忽略的细节。这些细节上能够看出一位家庭主妇的修养和对待客人的态度。

蒙古人的奶茶礼俗，不但敬茶有很多讲究，而且接茶、饮茶也有不少礼节。进入蒙古包后客人一定要遵循蒙古人以西为大、以右为尊的古老习俗来落座。当主人献茶时，应欠身用双手或右手去接。不能撩起衣襟，挽起衣袖，或左手去接茶。那是不懂礼貌待人的表现。礼节上将手上的茶水，先品尝一口后放在桌面上。还有不能把喝不完

端茶

的奶茶随便倒掉，更不能从蒙古包的门口往外泼掉，要尽量喝完它。因为奶茶与其它茶水不同，它有鲜奶成分，对蒙古人来说，洁白的鲜奶是至高无上的特殊食物，它是幸福、吉祥的象征，是草原人乳汁般纯洁心灵的象征。故此，就像把奶食品丝毫不能丢弃一样，奶茶也不能随意洒掉。

喝茶禁忌也是蒙古族茶文化的重要内容。过去草原蒙古人一般都用"川子号砖茶"来熬奶茶。熬煮时砖茶需要捣碎。蒙古人忌讳捣碎砖茶时数捣数，忌用隔夜水来熬奶茶，忌讳以旧茶来招待客人，忌讳将茶壶的嘴朝户门放置。

奶茶也是草原人与家人、与邻里或远道而来的亲朋好友聊天闲谈、交流信息、加深感情的温馨纽带。当草原上迎来客人时，不论是相识与否，问候之后主人会请客人"进包用茶"。而此时的"用茶"，往往含有双层意思，即给客人解渴消除疲劳，更重要的是主人欢迎你来做客，一同谈天说地，谈古论今。草原上多如繁星的神话传说、民间故事，可以说，都是在茶桌旁诞生、从茶桌旁传承的。

奶茶是草原蒙古人日常生活中不可缺少的非常重要的饮品。直至今天，牧区的蒙古人基本还是保持着早上必定要喝奶茶的习俗。牧忙季节，有时一天两顿饭都以茶来代替。因此，熬奶茶就成为了牧民主妇一生的重要工作之一。她们每天的第一件事，便是迎着晨曦，静静地煮好浓香四溢、热气腾腾的奶茶，待全家人来饮用。然而，草原牧人所说的喝茶，与平常我们所说的喝茶水有所不同。能代替一顿饭的奶茶，不仅是茶水，往往配有各种奶食品、面点和炒米，有时还有手扒肉。"奶茶泡炒米"是富有浓郁草原特色的快餐。以奶茶泡上炒米，加上各种奶食品、黄油或手扒肉，不仅能荤素搭配，稠稀结合，口中不腻，而且易于消化。加之奶食品是一种浓缩食品，吃上几块就能充饥耐饿。

当您手捧异域特色鲜明而且做工精致的茶碗，品尝那乳香四溢的奶茶，会感到它虽不是美酒却令人心醉。

行酒礼俗

　　蒙古人的饮酒习俗别具一格。从斟酒到递送酒、接酒到回敬，从品尝到畅饮，蒙古人都有其与众不同的礼俗。诸如，主人为客人敬酒，要衣冠整齐，不能挽起衣袖或撩起衣襟，要仪态端正，不能嬉皮笑脸或东张西望，并且一定要头戴帽子。直到今天，在牧区经常看见主人给来客敬酒时突然想起自己未戴帽子而放下手中的酒杯，到处去找帽子的情景。帽子是庄重而礼貌待人的象征。此礼不由得让人联想到"礼貌"与"礼帽"两词在其起源上有可能存在着一些关联。

　　敬酒不能用左手送递，一定要用右手握住酒杯并用左手稍托住的姿势向客人递送酒杯。蒙古地区，在婚宴等盛大宴席上，敬酒人不慎用左手递送酒杯而引起不满并发生争执的场面屡屡不断。人们认为这是对他人的不尊重行为，更重要的是对传统礼俗的蔑视或破坏。故

敬酒

此，要与"不懂规矩的"敬酒者进行理论，若是敬酒者及时认错改正，那么争端会很快平息。如果敬酒人为自己的错误行为找借口或有谁出面为其护短，那么舌战必定开始，甚至发生不愉快。

敬酒过后要饮酒。草原上饮酒，一般都要先敬献天、地、祖先的圣灵。要用右手的无名指蘸一蘸酒杯中的酒，醮洒三次，以示对苍天，大地和祖先神灵的祭祀与敬奉。关于这个习俗，草原上流传着一个美丽的传说：成吉思汗统一蒙古高原上的诸部落而建立蒙古大帝国之后，草原人的生活呈现出了一派安乐祥和的景象。人们常常饮酒娱乐，如此，便经常出现饮酒过度的现象。于是，有一天成吉思汗的母亲诃额仑对他说："我们的祖先曾因酒而受难。如今饮酒过度现象时有出现，应发布禁酒令。"成吉思汗聆听了母亲的教诲之后，向全体臣民发布了禁酒令。因此，举国上下都停止了酿酒，也停止了饮酒。然而没有了酒的草原，也就没有了欢乐，没有了激情和活力。高原上连年干旱，河流干涸，草市枯萎，五畜衰减，往日欣欣向荣的景象几乎消失。有一天，万分忧虑的成吉思汗为了散心，带领几位将臣去深山野林里打猎。其间，他信马登上一处山岗举目眺望，发现远处葱绿山麓下有一户人家。只见那户人家周围林草葱郁，枝繁叶茂，水流潺潺，鲜花片片，莺飞蝶舞，牛羊肥壮，景色分外妖娆。被那生机盎然的景色大为震惊的成吉思汗，径直奔往那户人家。快到门口时，从蒙古包里出来一位老者。老者不认识成吉思汗，他把陌生的客人一行热情地请进屋里，献完奶茶之后，就开始为他们斟酒。可是老者没有将斟满酒的酒杯直接递给他们，而是举起酒杯，用右手的无名指蘸一蘸酒，虔诚地醮洒三次，并且口中念念有词。礼仪过后才把酒为他们敬上。成吉思汗尝了一口酒后问老者："近来高原普遭干旱，万物皆悲，为何此处如此满目绿色，生机勃勃？"老者回答道："自从可汗成吉思发布禁酒令之后，草原上的歌舞酒宴、那达慕庆典便销声匿迹。从此，听不到美妙而又激昂的祝赞词了，欢乐的歌声同欢快的舞蹈也消失了。而且没有了酒，就等于失去了经常祭祀天、地、祖先的机会。随之，上天赋予的阳光雨露，大地奉献的芳草鲜花，先人神灵的默默保佑，便没有了保障。庆幸的是，此处为穷乡僻壤，山高皇帝远。我们并未禁酒，仍在酿酒、饮酒，经常酹洒美酒来祭祀天、地、祖先的神灵，感谢苍天大地的恩赐，并每每吟诗放歌、聚集踏舞，如您所见景象的出现，想必与此有关吧。"成吉思汗听后为之一震，回殿后将所见所闻如实地禀报了母亲，并且取消了禁酒令。同时，告示天下万众："酒若少喝似甘露，酒要过饮如毒液。"希望人们饮酒适量，娱乐为重。从此，草原上又有了美酒和歌声，欢乐和激情、生机与活力，也有了酹酒敬天地和祖先的习俗。在坚信万物皆有魂的古代蒙古人的心目中，酒也就成了人和冥冥中的神灵沟通的神奇液体。自古至今，北方草原上的一切祭祀活动，还有宴请、婚嫁、时令节日等一切庆祝活动，都不能没有美酒。酒不但能感动上天、大地和祖先神灵，而且能助人歌，兴人舞，能激起人的情感波涛。有了歌声和激情的草原，就会有朝气和生机。

行屈膝礼敬酒

当主人为客人举杯敬酒时，客人无论能否饮酒，要以诚恳的态度，用右手去接酒杯，尔后将酒杯倒到左手并用右手的无名指象征性地蘸一蘸酒，向天地万物神灵醮洒三次，品尝一口放回桌面上，或回敬主人。如果敬酒者是年长者，须起身接酒杯。敬酒者若是老人，须先行屈膝礼后方能接酒杯。在翁牛特等地，如今仍然保持着晚辈从长辈手里接酒杯时，先行屈膝礼，接过酒杯后再向老者敬礼或磕头的传统习俗。

不少蒙古部落至今仍在保持着在婚礼等盛宴上，主人家的总管或酒司令都要与对方首席代表商定敬酒数量（几轮几杯或几碗）、盛酒器具（碗或杯）、杯中酒量、行这种礼等事宜之后严格按照商定的规定行酒的习俗。翁牛特等地，自古至今就有不管是大小宴席还是平时待客，不管是远道而来的嘉宾还是左邻右舍，只要是向席面上的客人敬酒，敬酒者都要行屈膝礼的礼俗。如果在席上有岁数较高的老人，还要向他行磕头礼。敬酒者如果直愣愣地站着敬酒，就会被认为敷衍了事而受到谴责，敷衍了事的态度被视作对对方莫大的不敬。屈膝并磕头的双重礼能够替代冗长的客套话，既能表达心意又能节省时间，是蒙古族酒文化精神的有力概括。因为尊重他人、感恩万物、张扬个性，是蒙古族酒文化的灵魂，是蒙古族饮食文化精神之精髓。行屈膝礼，蒙古语叫"苏乎热乎（ᠰᠥᠬᠦᠷᠡᠬᠦ）"。

银碗配哈达，美酒伴歌舞，佳肴赋诗歌，是蒙古族隆重而绚丽的宴饮礼俗独特的外在形式。这种礼俗其气氛热烈又喜庆，奔放又高亢，身临其境的任何人都会为之动容，为其无可抗拒的感染力所感召，都会心不由己的痛饮几杯，继而会产生高歌一曲、畅舞一场的欲念。如果有过如此美妙的人生经历那么肯定会终生难忘。当下，在市场经济的推动下，这种行酒礼俗更加风靡且闻名遐迩，深受地域内外广大游客的喜爱与向往。

如果您到草原来，不妨畅饮一回那绵厚醇香的奶酒，找回一次自我，彻底张扬一次个性，也许它会成为您人生旅途中一段难忘的"草原情结"。

蒙古族饮食宴请风俗

术斯宴礼仪习尚

　　术思，为"下程"之意。敬献术斯的礼仪，是蒙古人妙趣横生的传统风俗，是蒙古族饮食文化之精髓。术斯，是蒙古民族传统肉食的精华，也是宴席上最讲究的一道菜。过去除了祭敖包、供奉成吉思汗圣灵、那达慕大会、庙会、婚宴等重大活动时制作敬献全羊术斯之外，普通人很少享受到这种待遇。如今，成了待客的最高礼节而广泛流行于内蒙古地区。根据术斯的做法及摆法和原料的不同，可分多种种类。诸如，诈玛术斯、火烤术斯、站式术斯、卧式术斯、全羊术斯、半羊术斯、截羊术斯、肩胛术斯、胸叉术斯、羊头术斯等等。有些地方只分全羊术斯和普通术斯两种。

　　术斯的摆法与其做法一样也很讲究。术斯的献法，更是充分体现了蒙古人独特的文化心理，从而演绎出了众多风俗礼节，丰富了游

尊贵庄严的术斯礼仪

牧民族饮食文化内涵的同时也为宴饮行为增添了无比的趣味性。全羊席面是蒙古人招待客人的最高礼节。摆放全羊，要用容量要正好能放一只卧着的绵羊的专门以柳木或榆木制作的长方形盘子。往盘子里摆放全羊术斯时，要摆成绵羊卧着的姿势。有时把羊头放在羊背上，在羊的额头上刻画十字或日月形状的吉祥符号后再放上羊踝骨般大小的黄油及几小块奶食品。

　　宾客落座后，主人先向来宾敬酒。酒过一轮之后，由身着盛装的两位或四位男士端上摆好的术斯来将羊头朝着座位的正面放于桌子上。之后，术斯上若有哈达，主人将掀起哈达并吟诵妙趣横生的《术斯祝词》。有时专请祝颂人来吟诵祝词。尽管根据宴会的性质，祝颂词都有针对性的内容选择，但是主要还是赞美术斯的原料绵羊并祝福宾朋万事如意。吟唱祝词的宴会，气氛热烈而隆重。如今，在盛大宴会上一般都由祝颂人或剖解主刀的带领下多名歌手手捧哈达载歌载舞，在非常热闹的气氛中以专用推车装载术斯推出来后向宴席奉献。由一位贵宾在羊头上刻画十字等吉祥图案，以示"授权"术斯可以剖解之意。祝词吟诵完毕时，大家要一起说声"扎，愿吉祥永久"。这是主客之间的一种互动形式，更重要的是对庄严而高尚礼俗一种敬意的表达。互动细节过后来宾中的长者起身先品尝一下术斯上面的奶食品并开始"动术斯"。就是从术斯的各个部位，象征性地割取少许，放入装有酒水的杯具里，如在身边有明火，便向火里醮酒少许，高举着酒具走到门外，将酒与肉块向四面八方泼洒出去，以示美味佳肴的头一口"德吉（ᠳᠡᠵᠢ）"敬献于天地万物神灵。然后，让大家依次品尝羊头上的奶食，这个礼节叫"尝份子"。尝了份子之后剖解术斯的人开始按各个关节卸开术斯，并迅速按照既定规矩摆好。最后，剖解术斯的人向正面座位上的长者行屈膝礼并说声"扎，请用术斯"后倒退着走出去。这时司仪会拿来放置多把刀子的小型市盘，供大家使用。正面座位上的长者不失时机地说一声"大家用膳"，于是在座的所有宾客都可以开始按自己的所好自由地享用术斯。

　　术斯宴上，常有一件非常有趣而"可怕"的事情，那就是每个人要吸一条肥尾。"肩胛骨，大家吃"是蒙古人亘古不变的习俗。每个人吃一块儿肩胛骨上的肉之后，在吃净的肩胛骨上，放置一条肥尾和一杯酒，献给祝颂人。祝颂人接过肩胛骨等，有时还吟唱《肩胛祝词》，尔后，要一口气将一条肥尾咽下，把酒一饮而尽。接下来献载术斯的主刀将绵羊肥尾切成许多细条，依次按照年龄的大小分给每个人吸。当某个人不会吸或不敢吸进羊尾巴条时，就会引起哄堂大笑。不少来客难过此关。此刻为宴席的一节高潮，热闹非凡。

食用术斯时，不能直接用嘴来啃，一定要用刀子切割着吃。因为，在蒙古人看来，狗才撕咬啃骨头。所以，无论何时何地蒙古人是不会直接用嘴去啃骨头的。看见有谁用嘴直接啃骨头，蒙古人就会用非常鄙夷的口气说："那人像狗一样啃骨头。"据史料记载，满都海彻辰镇压卫拉特部落的叛乱之后，为他们立法三章，其中一条就是指令维拉特蒙古人，从此以后不许用刀子吃肉，而像狗一样用嘴巴啃吃手把肉。这种惩罚常常让叛变者们遭遇尴尬而会让他们经常反省自己的罪行。这种法律条文，想必前无古人后无来者，唯独蒙古人才能想出来，才能领悟其中的奥妙。

用完术斯之后，要把装置术斯的术盘按照既定的礼节撤下来。之后，要上肉粥。上肉粥环节是隆重的术斯宴不可或缺的内容。肉粥，既是术斯的肉汤做成的稀饭，又是原汁原味的全羊汤稀粥，富有营养，香喷可口，别有风味。

各地蒙古人剖解术斯及敬献术斯的方法，在其细节和程序等方面不尽相同，然而在礼仪内涵等实质性内容上基本一致。

术斯是挡不住的诱惑，是瑰丽多彩的蒙古族饮食文化的结晶。它向人们演绎着游牧文化重礼仪、重气氛、重张扬、重美感的特质。蒙古人准备术斯往往不是为了单纯的享用美味，他们看重的是术斯所代表的那份尊贵和它所演绎出来的那份高尚的待客礼节。

宰杀牲畜的习俗

　　北方草原的牛羊肉，以其肉质肥嫩、口感鲜美而久负盛名，饮誉四海。那么，草原上的牛羊肉为何那般鲜美？除了北方草原丰美的水草所致以外，还有一个重要的原因就是在于蒙古人宰杀肉畜的与众不同的方法上。蒙古人自古以来禁忌当今屠宰场普遍使用的以砍头或割断脖子的方法来宰杀牲畜，而是采用开膛法来宰杀。开膛宰杀肉畜，是蒙古人独一无二的古老习俗。据拉施特《史集》、《马可·波罗游记》

开膛宰杀减少羊的痛苦，而且肉质鲜美

等史料记载，大蒙古国的窝阔台汗，还有元世祖忽必烈汗都下过宰羊"必须开膛杀之"的圣旨。大蒙古国和元朝都是多民族的国家，各个民族的杀羊法是毋庸置疑不尽一致。在窝阔台汗和忽必烈汗看来，有些民族的杀羊法，如砍羊头、锯断羊脖子的杀法，非常残忍，而开膛杀法比较亲善，因死亡的速度较快而能够减轻被杀牲畜的痛苦。

开膛杀羊法是先将活羊放翻，使其肚子朝天。然后在其胸口上割一个成人拳头般大的（约七八厘米）口子，伸进手去，用中指将其大动脉撅断。这样宰杀，羊死亡的速度较快而少受痛苦，并且出血少，流出的血液均会流入羊的胸腔里，不会喷溅而血染周围，因此既文明又卫生，还能舀出集中在胸腔里的血液，用于灌血肠。

说起开膛杀法，不得不说游牧民族所独具的"亲畜"心理。此法，其实就是游牧民族"亲畜"心理的一种体现。游牧民族终生与牲畜打交道，朝夕相处，与它们建立了深厚的感情。当不得不宰杀自己精心饲养的牲畜时，他们非常忌讳折磨它们，尽量想办法让它们死得快，为它们减少痛苦。在草原牧人的生活中，处处都能体味到游牧民族所独具的这种文化心理。诸如，被狼咬伤、摔伤或碰伤的牲口，伤势很难治愈时，草原牧人就会马上杀掉它们，以免受伤的牲畜活受罪。蒙古人的禁忌宰杀"特殊牲畜"的习俗，可谓游牧民族"亲畜"心理淋漓尽致的体现。例如，不杀种公畜。种公畜到了年老体弱时不能骑乘，也不能出售，死后葬于高处，以示敬意。如今有些蒙古地区有不少叫做黑牛坡、白马盆地的地名，一般都是当地牧人下葬心爱的牛马而得名的。多仔的母畜、役畜、神畜、在战争中或狩猎时出过大力，甚至救过主人性命的牲畜，各种比赛中夺过魁而为主人赢得过荣誉的牲畜都不杀，任它们享受天年而老死，有时死后还隆重安葬。

另一方面，在古代蒙古人看来，万物皆有灵魂，只有升天的灵魂才能有好的转世。古代蒙古人认为牲畜的灵魂，是随着它们的目光走动的。而牛羊等牲畜，自出生始，两眼朝大地，终生寻觅芳草而没有机会看到苍天，灵魂也就没有机会得知有个上天。因此，杀羊时，将它翻过来，让羊面朝天，使其死时两眼望天，这样它们死后灵魂可以尽早超脱，尽早升天。杀掉之后，忌讳说"可惜了"、"哪如不杀来着"这类后悔的话。据说，那样会使牲畜的灵魂升不了天，就会逗留下来，引出祸端。这些都是蒙古民族独特文化心理的微妙体现。文化心理是风俗习惯形成的根源。

开膛宰羊法，不但体现了游牧民族文化心理，同时充分体现了蒙古民族非凡的聪明才智。若是砍羊头宰杀，羊体内的血液会大量喷出而羊肉的含血量大大降低，从而定会影响羊肉的口感与鲜美度。开膛宰羊，羊死得较快，细微血管里的血液来不及流出，因而肉质更加鲜嫩可口，营养更为丰富。这就是现代人常说的科学道理。

传统饮食禁忌（吃羊肉的禁忌）

每个民族都有其独特的饮食禁忌。蒙古族的饮食禁忌很多，因篇幅所限不可能一一介绍。在这里主要介绍蒙古人吃羊肉时的一些禁忌。

无论是在隆重的宴席或讲究的宴会上，还是在与邻里一起食用羊肉，或与家里的亲人共同享用羊肉时，蒙古人都有很多讲究和禁忌。从羊肉的煮法、摆法和分解法到吃法均有众多忌讳。例如，羊肉的某部分专给某人吃，某部位不能给某人吃，某部分到了一定年龄才能吃等等。这些禁忌都有其让人折服的理由，都有一些妙趣横生的传说故事。

说起食肉禁忌，就不能不提"羊肉的21条诡计"和"羊肉的24条花招。"羊肉本身不可能会有阴谋诡计或什么花招，那是草原人赋予那尊贵食品的别出心裁的意蕴。这些禁忌多数都是针对青少年而精心设计的。那就是儿童不能吃羊的隔膜肉，长大骑马时马会抽搐；不能吃胸骨柄，以后骑马时马会失前蹄；不能吃肠肚结，坐骑吃草会噎住；不能吃鼻甲，坐骑会震颤；不能吃尾骨肉，坐骑会尥蹶；不能吃蜂巢胃和重瓣胃，将来会丢掉箭筒；不能吃盲肠，会变得笨拙；锁骨上的筋不能吃，会变成扒手；不能吃脊髓，会变成胆小鬼；不能吃生殖器肉，会变成痴呆子；不能吃脑浆，鼻涕会流不止。不能吃脾，会变成灰脸；不能吃腺体，会得疾病；肝的尾状叶，不能吃，会成孤儿；独生子不能吃短肋，会遇害；独生子不能吃桃骨，会更加孤独；踝骨不能丢，会破财变穷；外甥不能在舅舅面前吃肩胛肉，舅舅家会变穷；肩胛骨大家吃，独吞会被敌人打败；不能给客人吃肱骨，有一句俗语叫做"肱骨应给不懂回礼的人吃"；不能给客人吃桃骨，俗话说："桃骨应给不可交的人吃"；如果和谁不想再来往，就拿桃骨招待他，来客若是懂规矩的人，马上会明白主人的用意，而主人不慎以桃骨来招待客人，那就会失礼，会让人误会。

除了上述 21 条禁忌之外，还有"羊肉之 24 条花招"。那就是：儿童吃下鄂肉会变心灵手巧；吃口条会变成伶牙俐齿；吃骨髓会变成弱智；吃心脏会变成瞌睡虫；踝骨收拾得干净利落，将来有儿女，会英俊美貌；收拾波棱骨干干净净，会生漂亮女儿；闺女啃尾巴骨，出嫁时坐骑会尥蹶……不能吃蜂巢胃和重瓣胃之口，否则，会变成多嘴多舌的人；不能让吃净肉的完整胯骨在屋里过夜，一定要打碎之后扔掉，否则，会招鬼；不能吃牛脾，一定要立刻埋掉；不能让儿童只吃一只羊肾，否则，会没有朋友；不能让儿童只吃一只羊眼，否则，会变成斜眼；不能让儿童只吃一只羊耳朵，否则，会失去一只耳朵，等等。在不同蒙古各地，"羊肉的 21 条禁忌"和"羊肉的 24 条花招"，内容有所不同。

食羊肉的 21 条禁忌，实际上都是大人对孩童的一种特殊的呵护。是对儿童的一种别出心裁的、情趣盎然的教诲。教育他们从小学会懂礼貌，注意食物安全，要他们养成即便是啃一块儿踝骨也要啃得干净利落的好习惯，要他们做事不能丢三落四，粗心大意，半途而废。教育他们从小养成不乱吃东西的习惯，吃东西要有选择，不能吃的、有危险的、不雅观的食物都不吃的习惯。例如，以"儿童不能吃肠结，坐骑吃草会噎住"一条来说，不是怕马匹吃草会噎住，而是怕吃肠子的结节时，孩童不小心噎着；"女孩子啃尾巴骨，出嫁时坐骑会尥蹶"一条，也是为了教育女孩子从小要养成举止文雅等高尚品质。可想而知，一个女孩子在大庭广众之下，啃一条尾巴骨，当然很不雅观了。还有像"肩胛骨，大家吃"一条，与汉族经典故事"孔融让梨"一样教育孩子们从小就养成与他人分享快乐、分享美味佳肴、尊重他人、让步他人的美德而苦心"经营"的箴言。肩胛骨是各种羊骨头中讲究颇多的一块儿。按蒙古人的习俗，不但肩胛骨上的肉一定要大家分吃，而且吃完之后一定要把肩胛骨打碎或打个洞之后才能扔掉，不能完整地随便扔掉（也与蒙古人的灵魂观有关，省略）。因为古代蒙古人认为肩胛骨能算卦占卜能预测过去和未来。相传有一户富人家，迁徙时把吃净的、完整的肩胛骨扔在了旧墟上，不久，来了几个强盗用那完整的肩胛骨算卦之后，追赶那户富人家把他们抢劫一空。其实，这也是蒙古人凡事图吉利，追求美好人生的文化心理的一种体现。因肩胛骨的形状很特别，而且又大，把白森森的一大块骨头，扔在众目睽睽之下，或留在曾经生活过的营盘上，那是非常不合适的。为此，富有诗人气质的的蒙古先人就精心编就了一些颇有哲理且非常动听的故事来教育其子孙后代，让他们以故事的形式代代相传。

如果说，"羊肉的 21 条诡计"和"羊肉的 24 条花招"主要是针对少年儿童的禁忌，是一种用心良苦的教育法，那么，还有一些忌讳，实则是蒙古人宾主互敬、尊重他人及自尊自爱的民族性格的体现。例如，不能以短肋、脖颈骨手把肉来招待客人这一条禁忌，富含宾主应要互敬互爱的哲理。因为牛羊短肋、脖颈骨是手把肉里最不好吃的部位，所以不能以它来招待客人，那是对客人莫大的蔑视。蒙古人有句谚语，叫做："当女婿的，无地位；脖颈上的肉，不好吃。"

分享术斯

馥郁醇香的蒙古族传统乳制食品——白食

FUYU CHUNXIANG DE MENGGUZU CHUANTONG RUZHISHIPIN
——BAISHI

　　草原牧人以他们无尽的智慧和辛勤的劳动，常常将鲜奶以静放、发酵、捣搅、烧煮等多种方法来加工成油腻、酸甜、稀稠、固体、糊状等色泽各异、老少皆宜、四季可食的多种食品来调节食谱，常年食用。他们对乳及乳制品的这种执著，构筑了蒙古族乳食文化大厦，为人类饮食文化增添了华彩篇章。

　　蒙古族传统乳及乳制品包括初乳、鲜奶或生奶、酸奶、用鲜奶或生奶、酸奶加工制作而成的各种奶食品、乳制饮料、奶酒和奶茶。

　　初乳，母畜生仔后初次下的奶汁叫做初乳，汉语俗称胶奶子。色泽淡黄而形状黏稠。初乳因浓度过高，仔畜吃了不易消化而会拉肚子，故此不给仔畜吃初乳。挤下来煮熟后可以搅拌炒米、炒面、米饭

诗情画意的模具奶酪

等食用。

　　鲜奶，蒙古人习惯叫做生奶，蒙古语称"土黑苏（ ᠲᠦᠭᠦᠬᠡᠢ ᠰᠦ ）"。"土黑"意为生。"苏"就是奶汁。鲜奶是一切奶食品的原料。草原蒙古人除了喂养婴幼儿，还有老弱病残等特殊人员以外，很少有人直接饮用生奶，而佐以各种熟食和加工成各种奶食品来食用。常见的食法有鲜奶泡炒米、泡米饭、泡果条，还有就是熬奶茶和熬牛奶稀粥等。众所周知，鲜奶里人体所需的微量元素钙的含量很高。

　　酸奶，通常是把用静放的方法凝固变酸的牛奶叫做酸奶，蒙古语称"额德森苏（ ᠢᠷᠦᠭᠰᠡᠨ ᠰᠦ ）"。"额德森"是凝固了的意思。"苏"就是奶汁。汉语俗称疙瘩奶、老酸奶。五畜奶里除了牛奶，其它畜奶不能做凝固奶。故此，通常所说的酸奶，一般指的都是酸牛奶。额德森苏形状相似于豆腐脑、果冻。可加工制作各种奶食品和乳制饮品。酸奶有多种食法。除了搅拌各种熟食食用以外，还可直接饮用。酸奶能够止渴、充饥，具有消暑、防暑、助消化、减肥、调节血脂、补钙等功效。

　　以下重点介绍除了上述初乳、鲜奶、酸奶以外常见的几种奶食品。

奶油（卓赫 ᠵᠥᠬᠡᠢ ）

　　奶油是从鲜奶或酸奶中提取的油质物。提取奶油的鲜奶和酸奶，一般都是牛奶。牛奶是草原上最主要的奶资源。由于骆驼产奶量少，一般不用驼奶加工食品。马奶主要用来酿制澈格和奶酒，故不用它来加工奶食品。山羊和绵羊奶一般也不提取奶油，而是与骆驼奶和马奶一样，直接加工成食品和饮料。因此，通常所说的奶油，指的是牛奶的奶油。

　　蒙古语称奶油为"卓赫"，汉语俗称"嚼口"。在内蒙古，仅科尔沁蒙古人称其为"乌日市（ ᠥᠷᠥᠮᠡ ）"，而其它多数地方的蒙古人均称其为"卓赫（ ᠵᠥᠬᠡᠢ ）"。它是从鲜奶中自然分离出来的稠状油物。将刚刚挤下的鲜牛奶装入瓦、瓷器皿里，在阴凉处静放近二十四小时之后，鲜奶会自然凝固变酸，变成果冻形状的奶块儿。凝固奶的上面就会结一层乳黄色的表皮，那就是奶油。用手指或筷子蘸一蘸器皿里的牛奶，见鲜奶确实成了果冻状酸奶时，将上面的奶油用勺子轻轻撇取，装进专用器皿中，放在阴凉的地方，待进一步加工或食用。有些地方，习惯把奶油装入粗布口袋里，挂在阴凉处让水分漏尽，累积到一定量时，拿去炼黄油。东北地区，现在一般不用布口袋，而装在瓷瓦器里，平时食用或攒多之后提炼黄油。

奶油的质量，取决于当年水草的质量。水草丰美，牛羊肥壮的丰年，一公斤牛奶大约出 0.12 公斤奶油，一公斤羊奶约出 0.20 公斤奶油。

奶油富含多种营养物质，是一种上乘补品。奶油乳香浓郁、绵厚润滑，是草原牧人招待客人的佐餐佳品。奶油可拌炒米等熟米吃，还可涂在面包等面制点心上食用。在熬奶茶、煮面条和素炒蔬菜时放

奶油拌炒米

入一些奶油，味道极佳。

奶油拌炒米堪称草原风味之一绝。美妙的乳香米味，食之齿间留香。而其黄白相间的外观让人赏心悦目。还有奶油面片——图格乐汤，奶油干粥——阿市斯，也是奶油的得意之作。

富含多种营养物质的奶油，吃法简便，有健心、清肺、止咳防咳等功效及美容养颜的作用，为此深受广大女士们的喜爱。但是因其油质属性所致，经常大量食用会使人发胖，故肥胖者不宜多食。

如今，草原牧人仍然以古老的手工艺法来提炼奶油、食用奶油。而城镇里的大小乳制品厂，加工乳制品早已用上了现代化设备和技术。在内蒙古自治区首府呼和浩特市市场上的奶油，就有手工提取的和机器提炼的两种。有人说机器提炼的易保存，而有人说手工提取的味更纯。外地游客若来呼市做客，也不妨细心品尝一下两种方法提取的奶油，品味一下它们的不同，体验一下古典与现代的异同，您也许会眷恋"过去"，或许会感到"现代的总比古代的美"。

纯正的奶油呈乳黄色，它是草原奶食品中娇气十足的一个品种。不宜久存，容易变质。刚提取的新鲜奶油，味道及口感最佳，存放时间越长，味道、口感越差。

奶油是提炼黄油的原料。奶油是鲜奶的精华，黄油是奶油的精髓。故此黄油是蒙古人一切祭祀品之首。

黄油（砂日陶苏 ᠰᠢᠷ᠎ᠠ ᠲᠣᠰᠣ）

黄油，顾名思义，是黄色之油，蒙古语称"砂日陶苏（ᠰᠢᠷ᠎ᠠ ᠲᠣᠰᠣ）"。温度偏低时，它会呈现出沉静、凝练的乳黄色。当温度偏高时，它便融化为晶莹剔透、琥珀般美妙的液体。

一般从奶油、白油和奶皮中提炼出黄油。这里说所的白油是指捣搅艾日格时浮起的奶油。提炼黄油需要非常精湛的技术。奶油积存到一定量时开始加工黄油。如果奶油装在粗布口袋里而酸水已滴净，那么将口袋中的奶油倒进铁锅里加文火烧炼即可。如果是把奶油积攒在其它器皿里，那就需要搅动两三天，搅动后的奶油会酸水分离而凝固成白油，将凝固的白油倒入铁锅中，加以文火提炼。

黄油是一种"悟性极高"的物质，它不像澈格和艾日格一样经过千万次的锤炼之后才能"成器"，它是在柔情与文火的呵护下轻盈地升华而成。以文火烧开，轻轻搅动之后不久锅内便出现透明、亮丽的乳黄色液体和呈咖啡色的米粒状渣滓。上浮的乳黄色液体就是黄油，下沉的咖啡色的米粒状渣滓就是黄油渣。

琥珀般晶莹剔透的黄油

由白油和奶皮提炼黄油的方法与上述方法完全相同。只是一般不以奶皮炼黄油，无奈时才将精心保存的奶皮拿出来炼油，以解燃眉之急。

黄油的食法多种多样。除了可以喝奶茶、奶茶泡炒米时加入少许食用之外，还能涂在面包、面点心、奶食品上享用，也可溶入面粉中制作各式黄油味点心；还有图格乐汤、阿市斯和羊肉干粥，均可佐以黄油吃。根据个人的口味，可与各种主食和副食品调理食用。

黄油不同于植物油和脂肪油。它是乳汁之精华，是一种营养极为丰富的高级补品。它含有人体所需要的多种营养元素。经常食用黄油，能调理气血、补气安神，还有润肺止咳的功效。婴幼儿因受寒而腹痛或腹泻时，喝一小勺温黄油，或以黄油炒热一把米或面，装进一个小布口袋里，压放在婴幼儿的肚脐上，有缓解腹痛、腹泻的作用。用黄油治疗小病的民间偏方很多。

黄油是草原牧人一切美好愿望的"代言人"。蒙古人的日常生活当中，无论是在物质方面，还是在精神层面上，黄油无处不在。从祭祀、庆典、婚丧、探亲访友到搬新家、穿新衣、买新家具、出门外出等等草原牧人大小活动中都不能没有黄油。如果没有了黄油，蒙古人的生活会变得索然无味。例如，点燃成吉思汗陵圣灯及佛灯，是黄油最神圣的使命之一。成吉思汗陵的那盏长燃不熄的圣灯，除了年景不好的特殊时期偶尔用牛羊脂肪油来替代之外不能以其它的油来替代的。也许这就是所谓的文化心理，民族特色吧。

一般是从 3~4 斤奶油里能够提炼出一斤黄油，2~30 斤艾日格约出1斤黄油。

黄油的味道甘醇，有止咳、充饥、保暖功效。经常食用黄油，可安神养心，润肺通络，明目延寿。黄油易于保存，保质期相对较长。

黄油渣（朱澈贵 ᠵᠣᠬᠦᠢ ）

黄油渣，蒙古语通称"朱澈贵（ ᠵᠣᠬᠦᠢ ）"，也有些地方叫白油、楚布或苏苏贵。汉语俗称酥油渣。是提炼黄油时分离出来的沉淀物，属于油性渣子。黄油渣，味酸，有解毒、败火、清肺消痰等功效。

黄油渣的食法与黄油的食法基本相同。只是黄油渣味道颇酸，更适合于嗜酸的人食用，一般是加入红糖或白糖食用。加了糖的黄油渣酸甜香脆，特别好吃。黄油渣加糖拌炒米、拌炒面，是一种奶油风味特色小吃。

黄油渣

瓶装黄油渣

白油（查干陶苏 ᠴᠠᠭᠠᠨ ᠲᠣᠰᠣ）

　　白油是将积攒的奶油放入皮口袋等袋子里发酵3~4个月后分离出来乳脂油。因为以这种方法提炼出来的油呈白色，故称其为白油。提炼白油的另一种方法，就是将奶油与奶酪渣子混合搅拌后放入皮囊里发酵3~4个月。油脂就会分离出来成为白油。另有，捣搅艾日格时浮起分离出来的奶油也叫白油。

　　白油，味道浓香，纯度更高。

　　白油的食法与奶油相同。进一步加工白油可提炼黄油，其提炼方法也与奶油提炼黄油的方法相同。

　　因白油未经加热提炼，所含的杂质较多，故此其保质期短，不易长时间储存。

奶皮子（乌如莫 ᠥᠷᠥᠮᠡ）

　　奶皮，蒙古语称为"乌如莫（ᠥᠷᠥᠮᠡ）"。内蒙古的多数蒙古地区都称它为乌日莫，只是科尔沁等地将奶油叫乌日莫，而把奶皮称"哈塔森—乌如莫"，意为干奶油，或叫"陶高尼——乌如莫（ᠬᠠᠲᠠᠭᠤᠨ ᠥᠷᠥᠮᠡ）"。

　　制作奶皮是草原妇女在夏末秋初时节的重要工作。因为夏天的草市水分大，所以牛奶的浓度差些，做出的奶皮子发湿，不易晒干和保存。一般是秋末，牲畜抓油膘之时，大量做奶皮。把做好的奶皮放在特制的柳条簸子里晒干，冬春时节食用。奶皮子的做法较简单。先把铁锅放在火撑子上或火盆里，锅中倒入刚挤来的鲜奶，用文火烧沸，用勺子反复轻扬。扬至泛起泡沫且满锅时，再减少火力同时停止扬奶。待其微凉后在锅沿上搭上一根柳条并盖好锅盖。搭一根柳条的目的是为了盖上锅盖保持清洁的同时让热气散发出来。约过几个小时之后，水气蒸发穿出泡沫，奶子上就会结一层厚而带有蜂窝状的表皮，这就

叠成半圆形的奶皮

手撕奶皮

是奶皮。

起奶皮时用铁匙等物沿着锅沿儿边儿将奶皮与锅沿儿的边儿分开，然后用专用的细柳条从中间挑起来，这样圆形的奶皮就被折叠成半圆形。干面朝外，湿面朝里，这样奶汁不易滴漏。将叠好的奶皮装进柳条篓里，放在阴凉通风处晾干，不能放在阳光直射的地方，避免融化。

奶皮呈淡黄色，带有蜂窝状，薄而脆，不但其外观赏心悦目，而且滋味特别鲜美，香酥又油润。

奶皮的食法简便，一般是喝奶茶或奶茶泡炒米时放几块，或佐以面包等点心食用。当然还可以当零食。因奶皮油性大，不宜一次多吃。奶味十足、浓郁醇香的奶皮，常让食者回味无穷。

奶皮的营养丰富，是一种奶制极品。经常食用乳汁之精华奶皮，能够滋补身体，调理气血，使人容光焕发。奶皮的产量比其它奶食品相对少些，因此，草原牧人常常将它视作稀罕美味来招待客人，还有在家庭宴会或时令节日时，才拿出来全家人美美享用。

奶皮是内蒙古草原上的一种别具风味的土特产，它携带方便且易保存，是馈赠亲朋好友的佳品。

奶酪（胡如德　别西拉格 ᠬᠤᠷᠤᠳ　ᠪᠢᠰᠢᠯᠠᠭ ）

奶酪是草原乳制品中产量最多，最常见的品种。蒙古式奶酪不同于欧洲奶酪。蒙古人的传统奶酪分牛奶做的奶酪和羊奶做的奶酪两种。在内蒙古，东部地区的蒙古人将牛奶奶酪称为"胡乳德（ ᠬᠤᠷᠤᠳ ）"，羊奶奶酪叫"别西拉格（ ᠪᠢᠰᠢᠯᠠᠭ ）"。羊奶奶酪的产量相对低，市场上常见的一般都是牛奶奶酪。

牛奶奶酪是用酸奶加工制成。首先，将刚刚挤下的鲜奶倒进较大的容器里，在阴凉通风之处静放约二十四小时，待它出现分离现象，凝固成果冻状后取上表层的奶油。奶油下面的是稍带酸水（乳清）的、末加任何添加剂的、纯天然凝固酸奶。其次，将酸奶倒入铁锅里，加火慢慢熬煮，同时不断舀出加热后分离出来的酸水（乳清）。酸水约占酸奶总量的 70%～80%。析出酸水（乳清）的奶子会慢慢变稠，变成花生米状的颗粒。这时要用勺子的头挤压搅动颗粒状奶干，尽量析掉全部水分。没有了乳清而且不断搅动过的奶团就会呈揉好的和面团样，这就是热奶酪。最后，将做好的热奶酪装入特制的、各种花纹图案的市质模具里，待它稍凉后从模具里倒出，晾在柳条架或柳条篓

鲜奶酪

里，放高处晒干。

　　蒙古民族是酷爱生活，酷爱艺术的民族。他们在追求饮食品质的同时也十分重视食品的美观。诸如，他们所喜爱的奶酪模具、奶桶、茶具、酒具等等都充满着古典的美丽，而又带着浓郁的游牧生活特色。草原上的奶酪模具种类比较多。

　　奶酪是一种非常"娇气"的食物。湿奶酪很容易变质、发霉。在晾晒过程中不能淋雨，要放置通风、能吸水的柳条等编织物上，经常翻动。所以加工和"护理"奶酪等奶食品是草原妇女夏秋季节最主要的工作。

　　奶酪是高度浓缩的食品。大约 20 斤鲜奶出 1 斤奶酪。

　　加工羊奶奶酪比加工牛奶奶酪少一个工序，那就是不需要羊奶变酸凝固，而直接将刚挤下的鲜奶倒进锅里熬煮。烧开后加入两勺艾日格或酸奶，正在沸腾的鲜奶遇到酸性物后马上就会变成酸奶，开始凝固，酸水（乳清）开始分离。这时要不断取出酸水（乳清），锅里的奶就会慢慢变成糊糊状。然后，将它装进专用的白色粗布口袋里，过滤晒干。待过滤到一定程度时将它从口袋里倒出来用干净白布包好晾晒，以重物挤压成型。晾晒成型的就是羊奶奶酪——别西拉格。因它是由未提取奶油的鲜奶做成，所以它比牛奶奶酪油性大，颜色比牛奶奶酪微呈黄。一般在农历五六月份，羊奶生产旺季制作别西拉格。别西拉格品质细腻，香味浓郁，是优质全脂营养食品。别西拉格，因油性大，不易晒干，不易切成片。一旦切成小块晒干，干后很硬，不易咬碎。因此，别西拉格在大雅之堂"亮相"的机会比牛奶奶酪少些。

　　苏尼特等一些蒙古地区，不以牛、羊奶来分胡乳德和别西拉格，而是按它们的加工法来分胡乳德和别西拉格。如，用酸奶加工的奶酪称为胡乳德；由生鲜奶、熟鲜奶来加工的奶酪则叫别西拉嘎。

真空包装的速冻奶酪

牛奶奶酪与羊奶奶酪，虽说其做法不同，但它们的食法基本相同。最常见的吃法是热奶茶泡奶酪。被热奶茶浸泡过的奶酪，膨胀而松软，其油泽也渐渐渗出，当细细咀嚼之时，满口的乳香滋味难以言表。还可佐以炒米、面包等食用，也可蒸热或烧烤以后当主食。它也是很受消费者欢迎的高档零食。

奶酪，富含钙，无糖，低脂肪，是人体补充钙的最佳食品。因加工奶酪时，可加入奶油、黄油、白糖或红糖等辅料，所以奶酪的质量、色泽及味道和形状都由其辅料的不同而有所不同。当今，在呼和浩特市市场上奶酪的品种较全，形状多样，价格各异。有未切的整块奶酪，也有切成各种形状的奶酪片或奶酪条。有加糖的甜奶酪，也有加油的油性软奶酪等等。1斤奶酪的价格一般约为15～80元不等。在内蒙古，克什克腾草原上的奶酪最有名。

奶酪团或酸酪蛋（额吉格 ᠡᠭᠡᠳᠡᠭ ）

额吉格，汉语叫奶酪团或酸酪蛋。在翁牛特等地区，它是用制作奶酪时分离出来的乳清加工而成的二次成品。但各地的制作方法有所差别。

额吉格通常有几种制作法。一种是用牛、羊生鲜奶制作。将刚刚挤下的奶汁倒入铁锅内煮沸，然后滴入少量酸奶使其变酸并沉淀，沉淀物与乳清分离得比较分明后停火，待冷却后团成鸡蛋般大小的圆团或扁团晒干即可。生鲜奶制成的额吉格为全脂品。俗称奶酪团或酸酪蛋。另一种，是用熟鲜奶加工。将鲜奶煮沸取出干奶皮子后的熟奶来制作。制作方法与上述生鲜奶加工法相同。熟鲜奶制成的额吉格属于半脂品，因为其油脂已提取。还有一种制作方法，是用乳清或酸水来做额吉格。在制作牛奶奶酪时，都会分离出大量的乳清。乳清俗称酸水。将乳清再次煮沸后，装入大号水缸等器具内积攒保存，放置一段时间后它就会自然变成"查嘎"。"查嘎"，可以理解为用乳清制作的醋。是极好的调味品，也是难得的解毒液。煮沸冷却后的乳清或"查嘎"，会再次沉淀一些稠物。将这积淀物捞出，装入干净的白色粗布口袋里悬挂过滤，过后把它用手攥成鸡蛋般大小的圆团或扁团即成"额吉格"，在亩板或亩盘、柳条筐、柳条板上晒干。这种"额吉格"，味道比上述两种品种更酸些。

"额吉格"，富含蛋白质，营养价值高，味甜酸，便于储存不易变质，是一种极佳的方便食品。也是与其它奶食品一样，奶茶泡吃，稀释饮用，或做面条等面食时，放些可当调味品。

酸酪蛋

手抓奶酪干（阿乳拉或阿嘎日查 ᠠᠷᠤᠤᠯ ᠪᠤᠶᠤ ᠠᠭᠠᠷᠴᠠ）

阿乳拉，也叫阿嘎日查、楚日莫、巴扎市勒、术莫勒、术日莫格，等等。汉语可叫手抓奶酪或手抓奶酪干。同额吉格一样，是做奶酪时分离出来的乳清再次加工制作而成。

各地制作阿乳拉或阿嘎日查的方法有所不同。有些地区将未成形的手抓奶酪叫做阿乳拉或阿嘎日查。在翁牛特地区，阿乳拉或阿嘎日查的制作方法与用生鲜奶和熟鲜奶做额吉格的方法基本相同，外形上它是用手抓或从手指缝里挤出。放在市板或市盘、柳条筐里晒干。

阿乳拉或阿嘎日查，食用简便，不用捣碎或砸碎，随便拿起即可食用。

阿如拉的最大特点是耐贮存。因为，它是以已提取奶油的酸奶

手抓奶酪干

加工奶酪时分离出来的酸水或加工奶酒、奶皮之后的熟鲜奶经二度加工而成，所以，它的含油量比较低，水分干得比较彻底，保存起来不容易变质。然而正因如此，它的口味远没有奶酪鲜美，不像奶酪松软。

阿如拉的食法与奶酪等奶食品的食法基本相同。所不同的是在羊肉面和羊肉粥中加入一把阿如拉来调味，味道酸又香，特别可口。它是蒙古人发明的古老的乳制食醋。还可将阿如拉用水浸泡稀释之后，当饮料来饮用。

阿如拉，含有丰富的乳酸菌及多糖和酶类，能促进人体新陈代谢，具有一定的消食健胃、解毒消炎作用。将多年存放的阿如拉煮服，可治陈年胃病，可驱腹中蛔虫，而且没有任何毒副作用，这与艾日格和查嘎的功效相近。食物中毒者服用，可解毒。

条卷状阿乳拉

颗粒奶酪干（楚拉 ᠴᠤᠷᠠ）

楚拉，形似阿如拉（巴扎布勒，手抓奶酪干），味似奶酪。它形似阿如拉，却不属于用乳清制作的阿如拉之类，而属于鲜奶制作的奶酪类。然而，制作方法又与奶酪不同。它是自然凝固的酸奶，稍微加热析出乳清之后捞出晒干的，未经模具定形、未经手抓、未经指缝挤出的散状奶酪干。

楚拉的营养成分、食法与奶酪基本相同。只是它比奶酪更加便于携带，便于食用，但口感和松软度不如奶酪。楚拉还可浸泡稀释之后饮用，这是它与奶酪的不同之处。据史料记载，古代蒙古人在走敖特尔、长途拉盐、打猎、远征的时候，常常带上一些炒米和楚拉，就能解决野外饮食问题。楚拉不怕磕碰打碎，不怕日晒霜冻，不怕变质发霉，只要有水，就能浸泡它来充饥、解渴。自古以来，汉族有"兵

颗粒奶酪干

马未动，粮草先行"一说，行军作战必须有庞大的后勤辎重。而在古老的蒙古高原上，成吉思汗的军队"十万兵马安营而不见其炊烟"，就是因为他们拥有像楚拉一样简便而又高质量的乳制品和干肉粉等食品，能替代大量繁杂的食物所致。马可·波罗在他那不朽之作《马可·波罗游记》中曾说："先将乳煮干，取出浮在上面的乳脂，放在另一个器皿中做乳油……取出乳脂后，再把乳品晒干备用，行军时，每人带十磅在身边，每天早晨将半磅放在一个皮袋里，加上自己需要的一定分量的水，挂在马背上。一旦马匹奔驰时，发生剧烈的震动，这样会使皮袋里的乳变成薄糊，他们就用它当食物充饥。" 可以说，楚拉是草原蒙古人的"古老"牌"方便面"。

　　奶及奶制品不仅富含钙、维生素 B_2 和维生素 D 以及多种蛋白质，而且低脂肪，容易消化。因此，人体从繁杂的五谷杂粮、水果蔬菜中得到的一些营养成分和微量元素，都能不同程度地从奶制品中获得。这就是说，稀释的楚拉不但能充饥、解渴，而且能够提供足够的能量和体力。

乳香四溢的蒙古族传统乳制饮品

RUXIANGSIYI DE MENGGUZU CHUANTONG RUZHI YINPIN

乳制饮品，指的是用传统手工艺法以五畜的奶汁加工制作而成的饮料。蒙古族传统乳制饮品主要有澈格、艾日格，塔日格，浩日莫格，查嘎等几种。

当然，在日常生活当中蒙古人离不开初乳、生鲜奶、酸奶等未加工的天然乳汁。然而，草原蒙古人除了喂养婴幼儿，还有老弱病残等特殊人员以外，很少直接饮用生鲜奶和酸奶，而佐以各种熟食和加工成各种奶食品来食用。再说，生鲜奶及酸奶可以说它是一种普及性饮品，对其大家都比较了解。因此，在该章节里，主要介绍富有民族特色的、具有浓厚草原风味的几种乳制饮品。

对手工加工的各种野果饮料，天然矿泉水饮品等大众化饮料，本书不做介绍。

神奇的液体食品 —— 澈格（ᠴᠢᠭᠡ）

澈格是集饮料、食品、药物为一体的神奇、绝妙的奶制饮品。它是由鲜马奶经发酵而酿成的酸性饮料，因此，汉语称其为酸马奶。

酸马奶，在内蒙古地区统称为澈格，而在蒙古国称它为艾日格，在哈萨克斯坦等东欧国家称其为忽迷斯。《马可·波罗游记》中有"鞑靼人饮马乳，其色类似白葡萄酒，而其味佳，其名曰忽迷斯"的记载。蒙古人饮用澈格有其悠久的历史。据《蒙古秘史》记载，成吉思汗的远祖孛端察儿早年过流浪生活的时候，向统格黎克河畔的"林中百姓"

乞讨额策克度日。额策克就是类似澈格的酸马奶。

　　酿造澈格有两种做法。一种是把马奶装在木桶或瓷质瓮里，经常用特制的木杵搅动，有了酸味，就成了酸马奶。另一种做法是将马奶挤下，待凉以后倒入装有曲种的木桶或坛子里，每天用特制的木杵搅动数百次，甚至数千次，使之发酵，不时舀出尝一尝，味以不太甘，不太涩，微酸为制成。澈格呈乳白色，混浊、味微酸、甘、涩，清爽可口，营养丰富。

　　说澈格是一种神奇的饮品，是因为它不但是夏季草原最主要的饮料之一，而且它还是能够代替繁杂食物的液体食品。据专家研究，在构成人体脂肪所需要的二十余种氨基酸当中，必须通过食物才能吸收到的八种氨基酸，均可从澈格中获得。澈格还富含蛋白质、碳水化合物和多种维生素、钙等微量元素。马奶的营养成分比例与人乳的营养成分比例最接近，尤其是维生素C的含量，比其它任何畜奶的含量都高。因此，人体容易吸收马奶中的营养。因此澈格不但能够解渴，而且还能充饥。一到夏季，草原牧人每天喝几碗澈格就可度日。对澈

酸马奶

格的这一特殊功能，史料早有记载。鲁布鲁克在他的《东游记》中就说，蒙古人夏天有了忽迷思（即澈格），就不太需要其它食物。宋朝使节徐霆所著《黑鞑事略》中，也有"蒙古人用马奶代替食物"、"十万大军安营，却不见袅袅炊烟"之类的记载。澈格是一种名副其实的液体面包。

说澈格是一种绝妙的饮品，是因为它既是一种简便的液体食物，更是一种没有任何毒副作用的天然药物，当今甚至有些医学专家认为澈格是"防癌最佳天然药物"。这些说法都有一定的科学依据。蒙医药典和现代蒙医学都认为，酸马奶的酸性功能能够开胃、助消化、祛湿、行气；其甘，能舒通食道堵塞，治伤、解毒，增强五官功能；其涩，能化淤血，消肥胖，祛腐生机，滋润皮肤。因此，澈格有驱寒、舒筋活血、补血、消食健胃等功效。如今，在内蒙古有些地区医院已专门设有澈格治疗科。在蒙古、吉尔吉斯斯坦、哈萨克斯坦、乌兹别克斯坦等国专门设有澈格疗养院。可见，澈格的医疗作用匪浅。但澈格不是万能的灵丹妙药，因它性温，故不适合因肺热引起的发烧病症、肾火旺盛者和骨伤患者饮用。

每年的5到7月份是喝澈格的最佳时节。酿造澈格的马奶，对草原上的蒙古人来说是一种妙不可言的神圣食物。青草茂盛，骒马下小马驹的初夏，第一次挤马奶或第一次喝澈格的时候，草原牧民都会举行庆祝典礼。久而久之，这种典礼就成了一个传统的节日——马驹节，又称珠拉嘎节、澈格节。

澈格节或马驹节，是以自然村落为单位举行的小型庆典活动，而是其情趣无限。典礼一般由一位德高望重的长者主持。典礼的开幕式就是挤奶仪式。挤完马奶之后，主持者用带柄的杯子或市勺子等器皿，从市桶里舀上马奶，向天地醑洒，并献祝词。祝词的大意为感谢苍天、大地的恩赐，赞美马及马奶，祝福草原风调雨顺，人畜兴旺。过后，众人将挤下来的马奶"请"进蒙古包，然后进行传统的竞技活动。在马驹节上，有个独特而又非常有趣的竞技项目——赛小马驹。一大群新生的、活泼可爱的小马驹是牧业丰收的标志，也是牧人美好未来的象征。先是每家把从家里带来的骒马和马驹分开，分别拴在平坦而开阔的典礼场地两端长长的链绳上。这时，遥望自己心爱的小马驹的母马，就会悠扬、动听地长嘶。听见母亲的嘶鸣声，小马驹就想奋力挣脱链绳。正当这时，突然放开它们的拴绳，那些可爱的小马驹就像离了弦的箭一般，不顾一切地奔向各自的母亲。此刻，世上的任何一种强大的力量都无法阻挡它们的健步飞奔。而这时跑道另一端的每一匹母马，都用充满慈祥、充满母爱的眼神，从众多的小马驹中寻觅着自己心爱的小宝贝，焦急地等待着它能早点跑到自己的身边来。置身于这种场面，任何一个铁石心肠的人都会为之动容，而且会顿悟天地间"爱"的真谛。比赛中获得名次的小马驹的主人都会得到嘉奖。奖品一般都是砖茶、绸缎和布匹。马驹节上，也有些地区，不赛小马驹，而是赛公马。马驹节标志着新一轮畅饮澈格季节的到来。

澈格也是酿造马奶酒的原料之一。如果说饮料、食品、药物是澈格的特别属性，那么，马奶酒则是澈格献给人类的又一特殊礼物。

NEIMENGGULYOUWENHUACONGSHU

奇妙的解毒饮料——艾日格（ᠠᠶᠢᠷᠠᠭ）

关于艾日格，各地的叫法不同，有的名同实异，有的名异实同。在蒙古国，只把酸马奶叫做艾日格（ᠠᠶᠢᠷᠠᠭ），由牛奶酿成的酸性饮料则叫塔日格（ᠲᠠᠷᠠᠭ）。而在内蒙古地区把酸马奶称为澈格，由其它畜奶酿制的酸性饮料均称作艾日格。有的地方也称其为查嘎、塔日格。

艾日格呈乳白色，形似稀奶糊，味酸，乳香颇浓。久存的老艾日格，味道比新酿的艾日格更酸。虽说艾日格是一种乳制饮料，但其酸性特强，因此，不能像饮用澈格一样畅饮。一般都是少量饮用，用来解渴和治病、解毒，调味，主要是以它来酿酒。它是酿造草原奶酒的主要原料之一。

五畜奶均可酿造艾日格。因骆驼奶产量较少，一般不用驼奶来

捣搅艾日格

酿制艾日格。有驼奶时，加入其它畜奶里，酿制混合艾日格。蒙古人将这种混合艾日格称为"波思日格——艾日格（ᠪᠣᠰᠤᠭ ᠠᠶᠢᠷᠠᠭ）"。

　　如今的蒙古人还是在用古老的手工艺酿造艾日格，仍以古老的传统习俗饮用艾日格。艾日格是用鲜奶将艾日格的曲种"喂"出来的。曲种，如同现今的发酵剂。蒙古人叫它为"呼荣格"，可直译为"财富、财产"，意译就是"曲种"。传说，艾日格的曲种，最早是成吉思汗把它粘在胡须上从天宫里窃来的。在蒙古人看来，艾日格的曲种是一种特殊的财富，是祖先留给他们的传家之宝。认为它是一种知冷、知热，具有七情六欲的活体。故此，草原蒙古人一般不说"发酵"、"酿制"艾日格，而叫"喂"艾日格，蒙古语叫"艾日格——特者忽（ᠠᠶᠢᠷᠠᠭ ᠲᠡᠵᠢᠬᠦ）"。

正因为艾日格的曲种是一种特殊的财富、特殊的传家宝，所以不能把它随便送给他人。同样，他人也不能随意去借人家的曲种。谁家没有了艾日格的曲种，向他人非借不可的时候，要郑重其事地去"请"它。请曲种是蒙古人一种妙趣横生的习俗。请曲种，从选择良辰吉日到选择人家，从家里出发到返回来安顿，均有一整套既定礼仪。一般都要选择风和日丽的上午，最好是由属虎的人去拥有上乘曲种的人家"请"回来。据说这样请来的曲种，才会虎虎有生气，并且酿制艾日格时不会出现"死艾日格"等不顺的事情，酿出的艾日格滋味纯正又鲜美。

请曲种时，一定要带上一些礼物，拎上一口装有几斤鲜奶的瓶罐。到拥有曲种的人家后不能用"借曲种"之类的不够尊重的词语，而要虔诚地用"请曲种"之类的敬语。然而，不管请曲种的人持何种态度及用何种敬语，曲种的主人都不会把曲种兴高采烈地给你，要摆出一副很不情愿的样子来给你。据说，这样执着而虔诚地请来的曲种才会有活力。这就是人类为物体赋予的内涵，这就是不同文化之多样性为人类带来的精神享受。

请来曲种以后"喂"艾日格，也是一件趣味无穷的事情。将请来的曲种装在一个较大的木桶或瓦器里，置于温和处。然后，加入少量鲜奶把它"喂"起来。按照一定的比例，每天1到2次，加入鲜奶或加工奶酪时分离出来的乳清，并且用专用木杵频频搅动，使之起泡发酵。"喂"艾日格时，除了要注意艾日格周围的卫生并掌握好加奶量以外，尽量要它保持恒温，一般是20℃～25℃为最佳。如果周围的温度太低或加奶量太少，那么它会"受冷"及"饥饿"。这时需要给它"穿"衣（用棉被毯子或衣物包起来）、"喂"奶。周围的温度太高或加奶量太多时，它就会又热又"撑"而会喷洒出来。这时要把它移到阴凉之处使它降温。如此这般像呵护婴儿一样呵护它，最终它就会发出小河淌水般动听的潺潺声音，这就宣告一桶质优、味美的艾日格已诞生，可以美美地饮用它或酿酒了。如果使用的器具不干净，加入的鲜奶不够清洁，那么它就会变质、变味，最终会"死去"。蒙古人把这种坏死的艾日格叫"逆酵的艾日格"。这正是草原上流传千古的一句谚语——"逆酵的艾日格"的来历。蒙古人经常把不懂规矩、不务正业，凡事倒行逆施的年轻人斥为——"逆酵的艾日格"。这句具有浓郁游牧文化意味的谚语，真可谓"饱含着可以写出整部书来的智慧和情感"。

艾日格的曲种实际上就是如今的乳酸菌。远古时期不可能用科学的方法配制出乳酸菌。而草原人凭借日常生活中的经验，摸索出了简单而又能持久的"土乳酸菌"，并且在那艰苦的生存环境中保留下来，实属不易。因此，可想而知，对于草原人来说，已保存下来的曲种是多么宝贵。古代蒙古人，主要是以旧奶酪和谷物制作曲种。如今的草原牧人，除了上述两种方法外还以葡萄及葡萄酒、白酒、啤酒做曲种来酿造艾日格。没有优良的曲种就没有美味佳酿。酿曲的原料固然重要，然而高超的手艺更加重要。有的人家虽然有曲种却没有手艺。而有的人家既是制作曲种的高手又是酿制艾日格的能手。他们是夏季草原上最引人瞩目的明星。

解毒功效在上面几种当中任何一种乳制饮料都与艾日格无法相提并论。水、火烫伤之处涂抹一些艾日格可以消肿、止痛，它还能治疗毒蛇咬伤。煮手扒肉、羊肉面时，加一点艾日格则带有几份乳香，香酸可口，味道极佳。

神圣的糊状饮品——塔日格（ᠲᠠᠷᠠᠭ）

在蒙古人看来，塔日格是一种"神圣而又神秘"的饮品。因为历史上蒙古人曾用它来救过一代天骄成吉思汗的命。十三世纪初，在蒙古高原上的一次部落征战中，成吉思汗的脖颈受了伤，因流血过多而昏迷过去。跟随他身边的者勒蔑将军，一边给可汗止血，一边将凝固的血块儿用嘴吸出，守护到深夜时，成吉思汗从昏迷中用微弱的声音说道："血都干了，我很渴。"忠实的者勒蔑将军看到可汗已苏醒，感到无比的惊喜。可是当他发现他们的身边没有任何可供可汗饮用的饮料时，就开始着急了。悲喜交加的者勒蔑将军稍思片刻之后，毫不犹豫地跑到离他们不远的敌人军营里寻找可供可汗饮用的饮料。在夜色的掩护下他到沉浸在梦乡中的敌军宿营地里，在一辆勒勒车上发现了一大桶塔日格。他就把那桶塔日格悄悄地背回来，兑水稀释之后给成吉思汗饮用。成吉思汗间歇三次饮足塔日格之后再次慢慢苏醒过来，轻声说："我眼已明，心已醒了。"就这样成吉思汗得救了。这不是传说，而是载于《蒙古秘史》的历史故事。由此，平平常常的乳制饮料——塔日格，在蒙古人的心目中就成为了一种传奇色彩十足的神圣而又神秘的饮品。

塔日格是呈乳白色的糊状物。浓度比澈格和艾日格高些。这是它酿制方法所致。五畜奶均可酿制塔日格。将牛羊鲜奶装入备有少量

馥郁醇香的塔日格

曲种的器皿里，严盖其盖子，让它自然发酵。不能像澈格和艾日格一样捣搅，要静放数小时之后打开其盖子，见它已成糊状并味道已微酸即可。塔日格可当饮料饮用，还可搅拌炒米等熟食品食用。奶味颇浓，酸香可口，滋味特美。

一般是在冬季酿制塔日格。冬季能挤奶的奶畜极少，因此将挤下的鲜奶酿成不易霉变的塔日格来食用，也是一种保存液态奶的妙法。若将冬季的塔日格保存到初夏，可做艾日格的曲种。

在蒙古国，只把由牛奶经"静放法"发酵而成的糊状饮料称为塔日格。在内蒙古的阿拉善等地区将酸牛奶称为塔日格，而在其它多数蒙古地区将五畜奶以"静放法"酿出的糊状饮料均称为塔日格。

塔日格是一种老少皆宜、营养价值很高的饮品经常饮用可起滋补作用。可是初次饮用者，不能畅饮存放时间较长的羊奶塔日格。因为这种塔日格的浓度特高且酸性很大，一次畅饮会伤胃。适应几天之后，方可畅饮。

成吉思汗与塔日格的故事经过时间老人无数次地叙述，如今已成了"神话"。深受草原人喜爱的塔日格，一边珍藏着那古老而神圣的故事，一边仍不断地讲述着新的故事。

兑乳稀释酸奶——浩日莫格（ᠬᠣᠷᠣᠮᠠᠭ）

草原上还有一种类似塔日格的饮料，叫做浩日市格。它是一种兑乳稀释的酸奶。用乳稀释塔日格、艾日格、澈格、查嘎、阿嘎日查，或酸奶里兑上多一半的鲜奶均能做成浩日市格。不管是在奶源充足的夏季，还是在奶源稀少的冬季，随时都可以兑出浩日市格来调节食谱。

浩日市格在色及形等外观上，颇像塔日格。但它不是以"静放发酵法"酿成的酸性饮料，它是一种稀释奶，味道比塔日格更鲜美。适合于体弱多病的老年人和胃肠虚弱的人员饮用。

阿拉善等地，将浩日市格叫作好力市格，而锡盟等地称它为沙拉哈市格，内蒙古东北地区的蒙古人则普遍称其为浩日市格。

浩日市格除饮用之外还可搅拌熟食食用。它的营养价值与鲜奶和酸奶相同。

天然乳酸调味品 —— 查嘎 （ᠴᠠᠭ᠎ᠠ）

虽说乳制品中查嘎的解毒功效与艾日格相似，但它不是真正意义上的饮料。查嘎可以说是一种调味品，乳制食醋。在翁牛特、敖汉等蒙古地区，一般是将制作奶酪时分离出来的酸水烧开存放且变酸的酸水叫查嘎。也有些地方将酿造奶酒时锅里所剩的液汁经发酵之后的酸性液休叫查嘎或宝查玛格。内蒙古的乌兰察布一带是用制作奶皮子后剩下的熟鲜奶来加工查嘎。就是将熟鲜奶倒入大缸里用市杵搅动，使其发酵变酸，这就是查嘎。

在翁牛特等蒙古地区，查嘎的最基本的用处就是做调味品。通常是做羊肉面条、羊肉面片、羊肉拌汤、羊肉馄饨时，还有在做羊肉稀粥等肉汤时加一些查嘎来调味，可除掉肉腥味和油腻感。加入查嘎的肉汤酸、香交融，别有一番滋味。

用查嘎可做阿乳拉（阿嘎日查）、额吉格等酸性奶食品。用查嘎还可做艾日格、塔日格、浩日市格的曲种。

凉水兑查嘎，是草原上的孩童们最简便的消夏饮料。酷夏，凉水里兑一些查嘎来做简便的乳酸饮料饮用，可消暑、理气和中、防止中暑。

查嘎还有一种特殊而独到的功效就是做皮张软化剂。用动物皮制作各种皮衣、皮具前，草原牧人一般都用查嘎来浸泡皮张将其软化并去味、去杂质。经查嘎浸泡过的动物皮富有弹性，柔软度较好，绵厚细腻，白净光滑。

奶酒（萨林阿日黑 ᠰᠠᠯᠢᠨ ᠤ ᠠᠷᠢᠬᠢ）

奶酒，蒙古语叫做"萨林阿日黑"。"萨林"意为奶子。"阿日黑"是酒的意思。畜奶是蒙古族传统的酿酒原料。五畜奶均可酿酒。五畜奶中马奶的浓度和牛、羊奶基本相似，但是它的含糖量高，含水量也比其它畜奶高，而且兑奶茶和加工奶食品时其染色度较差，因此一般不用马奶加工食品和兑奶茶，而专门用于酿造澈格（酸马奶）和奶酒。由此人们将草原奶酒习惯称为马奶酒或蒙古酒。

蒙古人自部落联盟时期就开始酿造了马奶酒。关于古代蒙古人酿酒、饮酒的工艺及场面，到过蒙古高原的旅行家和文人墨客及后来的学者们都留下了很多溢美之词。《北虏风俗》中就写道："马乳初取者太甘不能食。越二三日，则太酸不可食。惟取之造酒。其酒与烧酒无异。始以乳烧之，次以酒烧之，如此至三四次，则酒味最厚。"这就是对古代蒙古人酿造马奶酒的粗放式工艺的描述。

在内蒙古地区除了酒厂均用现代制酒法酿制奶酒外，民间仍流

市场上的奶酒

行着手工艺酿法。可概括为翁牛特的封闭式工艺和鄂尔多斯的开放式酿造法两种。原料都是艾日格。马奶艾日格和牛奶艾日格均可。

翁牛特式酿酒法是：在大锅里倒进半锅艾日格，上面放上酒笼，酒笼上面再放上小铁锅。小铁锅下面要用两条细绳悬吊一个接酒坛子。两锅间和酒笼间的缝隙都用泥巴封严，以防跑气。然后用牛粪火慢烧使艾日格慢慢沸腾，蒸汽扑到小锅底后会凝成水珠而滴进下面的接酒坛里。小铁锅里要盛满冷水，用瓢不断扬，促使锅底蒸汽快些冷却。当小锅水热到30℃～40℃时，换成冷水。如此换上3～4锅水后端起来小铁锅将接酒坛的口子用布匹蒙住并取出，奶酒便由此诞生，一次能接3～4斤酒。

鄂尔多斯式的酿酒法与翁牛特不同的是在小铁锅的下面接的不是坛式器皿，而是略似茶壶的接酒器，壶嘴要从酒笼里向外穿出，嘴下面再接一个大瓶。酿造过程中酒水会随时流到外面，可以直接品尝。

草原上的奶酒是一种绿色产品。酒精含量一般为14～20度。适量饮用会促进血液循环、消食健胃。马奶酒至今仍然是传统蒙医和藏医的药引子。奶酒饮时不烈，但其后劲大，不宜畅饮，一旦醉了，醒酒较慢。

草原上的人生礼仪、时令节日、人际交往、宗教祭祀等等一切庆祝活动，都离不开酒。适当饮酒能助人歌，兴人舞，能激起人的情感波涛。有了歌声和激情的草原就会有朝气和生机。

酒中珍品 —— 特制奶酒（ᠠᠷᠢᠺᠢ ᠰᠢᠮᠡᠭᠡᠢ）

特制奶酒有阿日扎、胡日扎、希日扎和布日扎等几种。特制奶酒的纯度、酒精含量均比普通奶酒高。平时我们所说的奶酒，指的都是普通奶酒，即未回锅的头一锅酒。这种酒的酒精含量偏低，一般为14～20度。

将头一锅酿制的酒，倒进新注入锅里的艾日格中，以文火再酿造出的酒，称为阿日扎。阿日扎的酒精含量一般为普通奶酒的2倍，如果普通奶酒为15度，那么阿日扎为15×2＝30度左右。

　　胡日扎是将阿日扎回锅再酿造出的酒。可想而知，胡日扎的产量比阿日扎还少，酒精含量也比阿日扎的酒精含量高出近两倍。

　　希日扎是将胡日扎再回锅酿造出的酒。将希日扎回锅酿出的酒，叫做布日扎。如此可以酿到六锅。希日扎和布日扎堪称酒中精华，据说大清朝时期，它是蒙古地区专门上贡的御酒。

　　特制奶酒产量少，而且酒劲猛烈，一般不以它来待客。重大祭祀或盛大庆典上有时以它来献祭或招待贵宾。无论何时何地都不能畅饮，对特制奶酒来说，"品尝"一词更加适合。

　　平时草原牧人主要是为了抗寒、防冻而饮用特质奶酒。冰雪覆盖的草原冬季，是一个自然条件非常恶劣的时节。在这天寒地冻的世界里草原牧人对大自然的抗争中需要为生命加劲、加热。奶酒就在这种人与自然的连接点上和草原牧人结下了不解之缘。凛凛冬日，草原牧人常常怀里揣着一小瓶特制奶酒，以防万一。诸如，在莽莽雪野上长途跋涉走"阿彦"时，或在深山野林里狩猎时，或在寒冬长夜看守马群时，常常饮几口自带的特制奶酒来取暖抗冻。

　　草原上的奶酒是圣洁、高尚与真诚、坦白的象征。草原人的生活中不能没有酒。它是张扬个性、高扬生命活力的草原文化之一种体现。

散装的马奶酒

奶茶（米茶 面茶 加料茶 锅茶 ᠴᠠᠢ）

　　奶茶在蒙古族饮食文化中占有举足轻重的地位。我们在相关章节里已做过介绍，因此在这里不再赘述。奶茶的煮法有几种。一种是在茶锅里的水烧开以前，放进一把将事先捣碎的砖茶末子，待砖茶水滚沸茶香四溢时，兑上适量牛奶与食盐。兑好的茶水再次滚开时，用勺子反复扬几次，做好的奶茶可灌在壶里，或直接用勺子从锅中盛在碗里饮用。还有一种煮法，是将适量黄油与炒米或白面放在茶锅里炝锅炒几下，再兑入准备好的茶水、牛奶及食盐，少许熬煮。这种奶茶会更加浓香四溢，令人赏心惬意。有些地方将这种茶称为米茶、面茶、加味茶和加料茶。

　　未兑牛奶的素茶，蒙古人称作青茶或黑茶。青茶，有双层意思：一是颜色呈黑，二是未加牛奶的素茶之意。

　　近年来，市场上盛行锅茶。锅茶是加料奶茶的变种形式。锅茶盛行使用黄铜材质的火锅，奶茶里加些牛肉干、炒米、奶皮、奶酪干等，一边煮一边喝，富有情趣。

　　目前在内蒙古地区，除了通辽等农区的部分蒙古人喝红茶，其它地方的牧民还是以喝奶茶为主。

　　草原牧人非常喜欢使用有盘龙图案的绿色茶碗和米粒图案的蓝色茶碗。他们称之为"龙碗"和"米粒碗"。在城市蒙餐馆里使用市质茶碗的较多。

熬奶茶

脍炙人口的蒙古族传统肉制食品—红食

KUAIZHIRENKOU DE MENGGUZU CHUANTONG ROUZHISHIPIN—HONGSHI

　　蒙古族传统肉制食品花样繁多，并且各地蒙古人的制作方法、成品的名称、食用习俗等都有些不同。故此，篇幅有限的一部书，不可能涉及其全部。例如，众所周知的羊肉术斯，就有十几种甚至有近二十种之多，而且做法与名称均不相同。在此，我们选择性地介绍最常见的、比较典型的几种蒙古族传统肉食品，即介绍烤全羊、煮全羊、羊背术斯等三种。

　　另有，蒙古人加工并食用畜类内脏和下水，也有其独到的一面。畜类内脏和下水的制作与食用，都蕴涵着蒙古人与众不同的饮食习俗和饮食观。然而，根据总体设计要求，该章节里我们只选择介绍最常见的血肠和肉肠。

　　总之，蒙古族传统肉制食品，主要是从旅游文化的角度选择性地介绍具有浓郁民族特色的、比较普遍的、市场上常见的代表性品种。

"术斯"（ ᠮᠢᠬᠠ ）一词的原意及术斯的种类

　　"术斯"是蒙古语，专指祭祀、宴请、馈赠时的全羊及手把肉，或者可以说它是全羊及手抓肉的尊称。

　　在日常生活中，蒙古人称瓜果汁或蔬菜汁也叫"术斯"。例如，果汁，蒙古语称"吉米森－术斯（ ᠵᠢᠮᠢᠰᠦᠨ ᠤ ᠮᠢᠬᠠ ）"；蔬菜汁叫做"瑙高尼—术斯（ ᠨᠣᠭᠤᠭ᠎ᠠ ᠶ᠎ᠠ ᠮᠢᠬᠠ ）"；半生不熟的肉里沁出的汁液，叫做"玛含—术斯（ ᠮᠠᠬ᠎ᠠ ᠶ᠎ᠠ ᠮᠢᠬᠠ ）"；但是这里所说的术斯，不同于肉食佳肴术斯，都有其固定的内涵。

蒙古人将羊肉视作肉食之上乘品，所以一般情况下都以羊肉来做术斯。根据术斯的做法及摆法和原料的不同，可分多种术斯，如炸玛术斯、烘烤术斯、煮制术斯、站式术斯、卧式术斯、全羊术斯、半羊术斯、羊背术斯、截羊术斯、肩胛术斯、胸叉术斯、羊头术斯等等。以它的用途，可分祭祀用的术斯、宴席用的术斯和馈赠用的礼品术斯。也有些地方只分全羊术斯和普通术斯两种。

炸玛术斯，是所有术斯当中最古老而又特殊的一种术斯，也称珠拉玛术斯。炸玛术斯，还分烧烤炸玛、裸形炸玛；站式炸玛、卧式炸玛；山羊炸玛和绵羊炸玛等。炸玛术斯与普通术斯的不同之处为它是掏出羊的内脏肠肚之后的整羊（或整牛）术斯。杀完羊之后，未剥皮却煺掉羊毛，将内脏肠肚掏出来，把食盐和调料放进羊的胸腔里和腹腔里面，用古老的制作方法烧烤而制成。过去在祭奠成吉思汗圣灵、敖包和寺庙佛灵时必须用炸玛术斯。还有就是拜见皇帝或给皇帝进贡都要献炸玛术斯。而普通百姓忌用炸玛术斯。

抬着术斯去祭敖包

奉献炸玛术斯的方式也与一般的术斯有所不同。这也是它的特别之处。将它作为一个完整的站着或卧着的活羊形状放在盘子里，毕恭毕敬地端上来奉献。

献术斯的礼节花样繁多，可著成一部书。各种术斯的档次、规格、隆重程度都不同。其中，烤全羊术斯档次最高、规格最大，讲究最多，场面最隆重其次就是煮制的全羊术斯，然后是羊背术斯，以此类推。

肩胛术斯和胸叉术斯，也是比较特别的术斯品种，它有很多讲究。一般是出嫁姑娘回门时，娘家以胸荐术斯来招待。这也是个蒙古人古老的习俗。

虽说普通百姓如今谁都能享用炸玛术斯，但是炸玛术斯的工艺繁杂而讲究颇多，平常制作炸玛术斯的还是很少。

摆好术斯祭祖先

手把肉或手抓肉（ᠭᠠᠷᠣᠯᠠᠨ ᠮᠢᠬᠠ）

手把肉或手抓肉，蒙古语尊称"朮斯"（ᠱᠥᠰᠥ），平常叫做"查纳森一玛哈（ᠴᠠᠨᠠᠰᠤᠨ ᠮᠢᠬᠠ）"。蒙古族的传统肉食，包括五畜肉和野生动物肉。如今不只是五畜肉和野生动物肉，还有猪、鸡等家畜家禽肉，鱼类也成为了牧民餐桌上的佳肴。然而通常还以牛、羊肉为主。

牛、羊肉多为手把肉或手抓肉。手把肉或手抓肉，就是将全羊按照部位卸开，用清水煮熟后用手抓握以刀边割边吃的肉食，故此得名。煮手把肉时，视人数或需求来决定下锅量。平时可随意煮吃。接待宾客时，视宾客的身份、地位、岁数、性别等等，还有要考虑接待的缘由等因素来选择全羊的不同部位煮制。待客手把肉，最常见的有全羊朮斯、羊背朮斯、羊胸朮斯和肩胛朮斯。任何时候，任何人家，都不能以牛羊脖颈、桡骨、短肋、蹄子等来招待客人。因为脖颈和桡骨、短肋等部位的肉是畜肉里最难吃的部位，并且外观也不雅观。故此蒙古人就有一句俗话叫"脖颈肉不好吃，女婿人不尊贵"。

手把肉鲜嫩可口，制作简便，营养丰富，是富有浓郁民族特色的美食。内蒙古的手抓羊肉美誉天下，深受广大食客的喜爱。其中，乌珠穆沁草原的肥尾绵羊肉和鄂尔多斯高原上的阿尔巴斯山羊肉最为著称。

手抓羊肉原汤是一道绿色补品。羊肉富含蛋白质、碳水化合物、脂肪，维生素 B_1、维生素 B_2、尼克酸，以及钙、磷、铁等微量元素。它的温性能够散寒、化滞、健脾肾，补血益气。体弱者和产后虚弱的妇女更适合喝羊肉汤。但在酷暑季节不宜喝羊肉汤。

烤全羊（沙日森——布呼勒 ᠰᠢᠷᠠᠭᠰᠠᠨ ᠪᠦᠬᠦᠯᠢ ）

　　烤全羊是蒙古族传统肉食中的极品。它是蒙古族饮食文化丰富而独具内涵的集大成者。从其选择原料到烹饪技巧，奉献步骤到宴饮礼俗，均蕴涵并传递着蒙古民族对人生、对社会、对世间万物的认识与态度，展示着蒙古人热情奔放、大气仗义的性格，同时也诉说着蒙古人走过的非凡历程。

礼节隆重的烤全羊

　　烤全羊是蒙古人一种传统而具有独特风味的宴客佳肴，是各种术斯当中档次最高、规格最大，讲究最多，礼节最隆重的一种。由于烤全羊的加工方法特殊而讲究，以前只供蒙古族达官贵人及贵族阶层享用，一般牧民基本吃不上。如今，随着社会的进步一般人都有机会品尝这一传统美食。烤全羊，一般都以剥皮的整羊（绵羊或山羊）来做，这是它与未剥皮的炸玛术斯的区别。

烤全羊之所以闻名遐迩，除了它的原料是草原芳草羊肉之外，另有原因在于它的一整套特殊的烤制方法。烤羊要选择膘肥体壮的羯羊做原料，而且屠宰时必须采用开膛法。开膛法指的是用刀拉开羊胸口后用手挑断其心脏动脉致死的方法。用这种方法宰杀的羊肉，不像屠宰场常用的抹脖子宰杀的羊肉一样大量出血，故此其肉质格外鲜嫩可口。开膛宰杀后取出绵羊的五脏及肠肚，并在其膛内放入一些传统辅料，以特制的专用炉子来烘烤。

烤熟后将全羊以跪卧姿势摆入直径约1米左右的术盘内，把羊头用黄油等奶食装点，伴以隆重的传统礼仪端上宴席上。卸成块儿的烤肉可直接吃，也可蘸羊肉原汤和各种调料食用。

摆放烤全羊等各种术斯的术盘，蒙古语称"特布希（ᠲᠠᠪᠠᠭ）"。不能用破旧的、有裂缝的、不清洁的特布希来摆放术斯，一定要用整洁而又考究的专用特布希，以示对客人的尊重。

烤全羊，酥脆鲜嫩，芳香可口，肥而不腻，别具风味。烤全羊，蒙古语叫做"沙日森—布呼勒—术斯"，简称"沙日森—布呼勒"。在如今的内蒙古各地，在各种大小庆祝活动上或会议、集会、祭祀、婚宴等等场合常有烤全羊"登台亮相"，宾客可一饱眼福，二饱口福。

全羊术斯（布呼勒——术斯 ᠪᠦᠬᠦᠯᠢ ᠱᠦᠰᠦ）

全羊术斯，即煮全羊，蒙古语称作"布呼勒—术斯"。"布呼勒"是全部、整体之意。"术斯"是全羊及手把肉的敬语。烤全羊实则也是一种全羊术斯，然而，在习惯上说全羊术斯，指的一般都是煮全羊。全羊术斯在档次、规格、隆重程度上仅次于烤全羊，可以说，它也是蒙古人宴饮的最高礼节。

制作全羊术斯，是将刚刚宰杀的整羊，按特定的部位卸开，煮熟并按照既定的步骤与方式摆放即可。一般是将整羊按照四肢、腰脊、后背等传统既定方法卸下，下锅煮熟后，在专用的术盘里摆放。四肢如活羊的卧姿摆放，上面扣住羊背，羊背上放置羊头。有时在羊头上抹些黄油，以示吉祥如意。因为，在蒙古人看来，乳及乳制品是纯洁与吉祥的化身。然而，不同地区摆放全羊术斯的方法不尽相同。如察哈尔等地胸骨和脖颈将不能加入全羊术斯里。像翁牛特等地，全羊术斯里不许纳入脖颈、短肋、桡骨等部位。

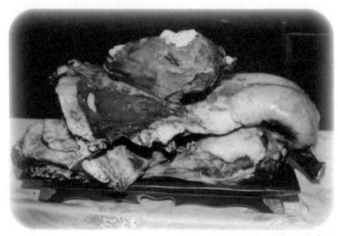

半熟的全羊术斯

全羊术斯上桌后，主人家的代表用刀子从羊背的两则各切取一条肉，左右交换放置，这与羊背术斯的做法相同。此礼过后来宾即可动刀享用。有时来宾中的中心人物用刀在羊头上刻画一些图案，如"十"字图案等，以示礼节已到，大家可以食用之意。总之，主人家的代表或者宴席上的中心人物没有动刀之前，宾客是不能动手自顾自地吃开。要等到上述礼节过后才能享用。

全羊术斯与烤全羊一样习惯上选择膘肥伟壮的草原芳草绵羊，所以其肉质分外鲜美可口。最称道的是用成年羯羊来做全羊术斯，味道最纯正。

吃完全羊术斯后要按既定的步骤和礼节把术盘从宴席上撤走。这一环节一般由解开术斯的人来完成。

羊背术斯（五婵——术斯 ｏｊｉｏ ｏ ｘｏｊｏ ）

　　动物的荐骨部位，俗称腰背。蒙古语称五婵。羊背术斯，顾名思义就是羊荐骨等部位煮成的手把肉。蒙古人叫做五婵—术斯（ ｏｊｉｏ ｏ ｘｏｊｏ ）。

　　除了烤全羊和煮全羊术斯以外，羊背术斯也是一种比较重要，比较高档的宴请佳肴。因为在羊肉的各个部位里羊腰是肥瘦搭配的最均匀而又口感最鲜香的部分。真正懂得羊肉之道的食客，视羊腰为羊肉中的精华。故此，在漫长的历史长河里，久而久之，羊腰就变成了特别推崇的待客名品而享誉天下。正因如此，市面上出现了将"术斯"与"五婵"混淆的现象，实则是马嘴不对牛头的错误现象。羊背术斯为普通宴席和春节及民间交往当中常用的佳肴及高档礼品。

五婵哈西纳

88

羊背术斯一般由连接羊背的五节腰骨及连接五节腰骨的三条肋骨，还有脊骨和胫骨等组成。将羊的这些部位下锅加些食盐煮熟即可。这期间必须把尾骨从羊腰的末端去掉五节。按照羊肉的21条禁忌来说，不管是男女老少，谁吃了尾骨将来都会发生骑马时从马背上摔下来的事情。所以诚实憨厚的草原牧人肯定不能用尾骨来招待宾朋。

　　享用羊背术斯有颇多讲究。将羊背术斯上桌之后，首先主人家的代表要从其两侧各切下一条肉，左右交换放置。此法翁牛特蒙古人叫做"五婵哈西纳（ᠲᠠᠪᠤᠨ ᠬᠠᠰᠢᠨᠠ ᠊᠎）"。有句俗话说："羊肾有大小，羊背有肥瘦。"所以热情诚挚的蒙古人以这种方法传递着这样一个信息：今天用羊背招待的客人，没有哪边是肥是瘦，眼前座上的宾朋不管是谁，没有尊卑之分的平等观，传递着对客人无比尊重的诚意。此礼过后，来宾中的中心人物，代表席上客人向切割羊背肉条的主刀人，敬酒以示谢意。

　　礼仪完毕，就可美美地享用肉香飘溢的、鲜嫩可口的术斯了。

风干牛肉及牛肉干（ᠪᠣᠷᠴᠠ）

　　牛肉干是美誉天下的大众食品。一般将生牛肉干叫做风干牛肉，将熟牛肉干叫为牛肉干。

　　风干牛肉，又名蒙古牛肉干，蒙古语称"宝日查（ᠪᠣᠷᠴᠠ）"。它的开发可以追溯到成吉思汗时代。十三世纪，蒙古铁骑所向无敌，横扫欧亚，其超强的战斗力和耐力主要是来自于他们良好的后勤保障，其中风干牛肉功不可没，可以说它是蒙古军队大获全胜的秘密武器之一。故此，风干牛肉被誉为"成吉思汗的军粮"。

　　风干牛肉是草原牧人根据不同季节而储存畜肉的传统方法做成。蒙古高原的地理环境特殊，气候干燥，风力较强，易于制作风干牛肉。因此草原牧民自古以来就有了晒干牛肉的习惯。秋末，将剔骨剔筋的牛肉，切成约2厘米宽、1米长的肉条，不添加任何调味品，挂在阴

草原风干牛肉

凉通风处（一般是在储藏室里拉上若干条绳子）晾干。等到第二年春天，用这种干肉条可加工制作各种主食和副食来食用。以风干牛肉加工的副食品中，比较称道的有蒙古风味干肉烩菜。在内蒙古，锡林郭勒草原的"赛安达"牌风干牛肉比较有名，属于当地的名优产品。

最常见的食用风干牛肉的传统方法有几种：做干肉烩菜和干肉面条，或把肉干砸成粉末来做各种汤料食用。还有就是制作油炸或烧烤牛肉干。

蒙古人加工制作油炸或烧烤牛肉干也有其传统的做法，那就是制作牛肉干时基本不添加任何调料，直接把干肉条明火烘烤，或油炸。内蒙古的油炸牛肉干是名扬天下的特色小吃，在休闲零食中独领风骚，是旅游馈赠的首选佳品。内蒙古通辽市的"寒山"牌油炸牛肉干和赤峰市克什克腾旗的明火烤炙的散装牛肉干是深受消费者喜爱的名优产品。

风干牛肉及牛肉干保质期长，携带方便，并且含有人体所需的蛋白质和氨基酸成份极为丰富，并有补气养血，滋养脾胃，强健筋骨，消水肿、治腰酸无力等功效。

　　传统工艺制作出来的牛肉干比较干，基本没有了水分。而如今在市场上出现了很多不同质地的牛肉干，有的甚至很湿，这种的牛肉干保质期较短，不能存放于潮湿的地方，不适合在冰箱里保存，因为冰箱内有湿气，会加速牛肉干变质。

　　羊肉也能做肉干。草原牧人也经常用羊肉来做肉干。它的晒干方法和食用方法，均与上述牛肉干的制作与食用方法相同。

油炸牛肉干

涮羊肉（军营里诞生的蒙式快餐 ）

　　相传，结束了自唐末以来400余年的割据局面，建立过中国历史上前所未有的、统一的多民族国家元朝的元世祖忽必烈，有一次统率大军去征战。激战过后，元军人困马乏，饥饿难奈，空肠辘辘，于是趁机安营驻扎。当他们烧火宰羊，正准备煮羊肉时，侦察兵跑来报告说，敌军的大队人马追赶而来，已逼近驻地。忽必烈汗一边下令部队开拔，一边喊："术斯，术斯。"可是，此刻已经来不及煮羊肉了，传统方法煮羊肉需要近一个小时。这时，厨师急中生智，拿起快刀把羊肉切成纸一般薄的肉片，放进沸水锅中涮一涮，待肉色一变即捞在碗里，撒上盐抹和一些调料，奉予可汗。忽必烈可汗吃完涮羊肉，立刻率领军马投入了战斗，结果大获全胜。在庆功宴上，忽必烈可汗想起了战前吃过的那碗美妙的羊肉片，特意点了它。机灵聪慧的厨师为

铜锅涮羊肉

此效仿前法，而且精工制作并配以多种调料后献上来。可汗和将士们吃后，赞不绝口，都说把羊肉切片涮涮食用，竟然如此美妙可口。就这样"涮羊肉"一名便应运而生。涮羊肉及其美丽的传说一直流传至今，经久不衰。元大都北京的名店"东来顺"的涮羊肉名扬四海，自古至今吸引着天下无数食客。

当然了，过去的涮羊肉，配料方面肯定不像今天丰富多样。如今，涮羊肉的配料有韭菜花、腐乳、辣椒面、葱花、姜沫、香油、芝麻酱、蒜泥、糖醋蒜等十多种。正因为配料众多，可以按个人的口味随意调配，所以可以说它是一种真正的众口易调的美食。众所周知，内蒙古的"小肥羊"涮羊肉已经走出了国门，走向了世界。大大小小各种各样的涮羊肉店，也是首府呼和浩特市的一大景色。

涮羊肉又称蒙古火锅。涮完羊肉片之后在其汤里可煮食手擀面或饺子等，其味道非常鲜美。

"鸡补温来鸭补凉，狗补气来羊补血"是众所周知的中华民族滋补调理之道。羊肉和羊肉汤，是人体保持"血气方刚"的有力保障。

石头烤羊肉（ᠱᠣᠯᠣᠭᠤᠨ）

也许，它就是一种专门的野餐。或许，它就是在野营地里诞生的风味美食。看它的做法，就能感受到这一点。先准备好鲜羊肉，将羊肉切成块儿，还有一口带盖子的、两侧带有提环的专用铁桶（或铝桶）。然后，拣来几块拳头般大的鹅卵石和几把干柴。点燃干柴将石头烤热，烤得越炽热越好，其间将羊肉切成若干块儿装进铁桶里，上面撒点盐面，点一点儿水。接着，把烤热的石头放入铁桶里，盖严桶盖，从桶两则的抓环上提过来，放在烤过石头的火堆上。从内外同时烤、煮，约过一个小时之后，打开桶盖，先把那些鹅卵石掏出。掏出石头后，要互相传递，握一握。据说，趁热握一握渗透肉汁和羊油的热石头，会驱除胃寒。因此，在蒙古地区营火闪烁的野营点上，常常看见大家抢夺从桶里拿出来的热石头的场面。

握一握石头，驱赶体内寒气之后，就可以去品味独特的石头烤肉了。带几份野味的石头烤肉，由于几乎靠羊肉本身的肉汁焖熟，其味道既有煮肉的鲜嫩，又有烤肉的酥脆，非常特别。真可谓是一旦食之"割了耳朵也不知痛"的绝妙佳品。追求饮食质量，喜欢口味油香的蒙古人，在游牧倒场而炊具欠缺时、在野外放牧风餐露宿时、在游山玩水欢聚野营时，只要带上适量的羊肉和一把盐、一口铁桶，就能做出美妙的石头烤肉，尽情地享用。

如今，可以说它已成为了草原野游不可缺少的一项内容。在灯红酒绿的城市酒楼里，体味不到它的正宗味道。只有在阵阵野草的芳香扑面而来的涓涓流水旁，以溪水煮沸、用野火锤炼，拿天然石头炙烤，才能真正品味到它的"不同寻常"。

石头烤肉，蒙古语称为"好日好格"，在蒙古国更为流行。在内蒙古地区把一种羊肉汤也叫"好日好格"。在首府呼和浩特市，民族风味浓郁的蒙式餐馆里，也能品尝到石头烤羊肉。可它已不是那个野味颇浓的石头烤肉了，多少有点"鱼目混珠"之嫌。当然了，鱼目是永远不能与珍珠媲美的。

石头烤羊肉，简便又美妙，是野餐露宿的最佳选择。

成吉思汗铁板烧

风靡世界的蒙式烧烤 —— 成吉思汗铁板烧，俗称成吉思汗火锅。但是它不是汤煮式火锅或烩、炖式火锅，它是一种烧烤浇汁式的美食。

相传，成吉思汗有一次围猎间休息宿营时，无意中看见士兵们在篝火堆上支起架子来烤的兽肉被旺火熏烧得焦黑。机智过人的成吉思汗灵机一动，取下一个士兵的铁盔放在篝火上，拔出腰刀，把刚刚猎杀的黄羊肉削成薄片，贴在铁盔上烧烤。不一会儿肉香满山谷，士兵们围过来一尝，烤焦的肉片外焦内嫩香味满口，美不可言。据说，"成吉思汗铁板烧"由此得名，蒙古式"铁板烧"从此诞生。十三世纪初，随着成吉思汗的西征，此肴传到欧洲，后又传到东南亚和日本。

据专家考证，名扬天下的韩国烧烤，源自元代的蒙式烧烤。

把薄薄的肉片贴在加热的铁板上，当肉片吱吱作响变成焦黄，水分干掉却油分溢出时，用筷子夹起来，以芝麻酱、食醋、白糖、精盐、香油、辣椒油等多种调味品调理出来的蘸料里蘸一蘸，便可吃了。将脆嫩、香甜、麻辣、酸酥味集于一身的铁板烧吃起来不油腻，清鲜可口，别具风味。

然而，成吉思汗铁板烧在草原上曾一度失传，直至近些年，它才重回故里。但它的制作工艺及用具，已与上述古老的工艺与器具截然不同。

讲究宴席菜肴的色、香、味、形俱全是可以说人类在宴饮礼俗上共同的追求。然而，铁板烧类的菜肴除了色、香、味、形外，还多了一个"响声"。有人说，美味佳肴讲究"色与形"是为了饱眼福（视觉），注重"香"是为了供鼻子享受，重视"味"是为了舌头高兴，唯有耳朵（听觉）被冷落。故此，人们绞尽脑汁想出了具有声响的菜肴，让耳也来享受美味佳肴之奇妙。据说，宴席上碰碰酒杯，碰出响声，也是这个道理，为了耳朵不被冷落而想出的妙招。

随着时代的发展，蒙古族的肉食加工制作方法，越来越丰富多彩。除了煮、涮、烧、烤之外，还常有炒、烩、熘、炸、炖、蒸、焖等制作方法，种类繁多、目不暇接、美不胜收。

血肠（ ᠴᠤᠰᠤᠲᠠᠢ ᠭᠡᠳᠡᠰᠦ ᠬᠢᠮᠤᠰᠤ ）

血肠是具有浓郁草原特色的风味食品。蒙古语叫"楚特格森—格德苏（ ᠴᠤᠰᠤᠲᠠᠢ ᠭᠡᠳᠡᠰᠦ 或 ᠬᠢᠮᠤᠰᠤ ）"。深受草原牧人喜爱的血肠，不管是在草原牧人家，还是在城市里的蒙餐馆内，是一道亮丽的风景线。

血肠是灌肠的一种。灌肠可分小肠、肥肠和小肚等几种。血肠是由刚刚宰杀的牛羊血搅拌的面糊灌制而成，故此，得名血肠。牛羊和猪小肠、肥肠、小肚均能灌成血肠。最常见的是小肠。小肠，也叫细肠，因它的形状很像盘起来的粗绳，也叫盘肠。

　　血肠的灌法是宰杀牛羊之后，将羊肠用盐水洗干净，备用。牧人一般不用洗洁精等现代洗涤用品来洗肠。洗涤品的香料会破坏羊肠的原味，因此，都用盐水洗净。再说，草原上的牛羊与其它一些家畜家禽不同，它们吃的都是纯天然、无污染的芳草，它们肚肠里的废物也可以说是"绿色之物"，因此，肠肚容易洗净、驱味。洗干净之后，将小肠切成若干段来备用。从羊腔中舀在盆内的羊血里，加适量的荞面或白面，有时候不加面粉，而是加少许样肝脾丝等物，用手把凝结的血块攥碎、搅匀之后，加入食盐和葱花等调料，从切好的肠口灌入，煮熟即可。一只羊的小肠约有2～3米长，为煮时方便，可断成数节，但不能撕掉连接肠壁的薄脂肪。薄脂肪可以说是一种调料，有脂肪的血肠吃起来才油香。由薄脂肪连接的细肠，煮熟出锅时，盘成一团，宛如精美的盘香。

　　灌肠子时不能灌得太满或太扁，要适当。灌好之后，口子都用细细的麻丝细绳系紧。因为，麻丝不易断掉而又易解开。

　　灌好的肠肚不能与羊肉一起煮，需要单独煮。因为肠子外壁上的杂质会破坏肉的美味。煮时要准备一根牙签或细市针、竹丝等，不时用它刺一刺锅中的肠肚，以不流出血糊且市签上的血呈熟食色为熟透。

　　灌肠可煮熟后直接吃，也可蘸各种调料或肉汤吃，还可用植物油或脂肪油煎炸食用。

　　祭祀、婚宴及各种盛宴场合一般不用灌肠，尤其是不与手把肉等术斯同盘摆放，而是在必要

灌肥肠

时单独装置，供客人食用。

灌肠是"血肉兼备"之物，既有几份肉之鲜美，又有几份面粉的芳香。其口感取决于调理技术和各家不同的口味习惯。

肉肠（ᠮᠢᠬᠠᠨ ᠭᠡᠳᠡᠰᠦ）

肉肠与血肠一样，也是一种灌制的牛羊肠，是不可忽略的草原风味肉食小吃。在城市里的蒙式餐馆中常把肉肠和血肠拼成一盘，作为一道风味菜肴。

肥肠又名粗肠。肥肠是它的原名，而粗肠是与小肠或细肠相对而言的叫法。因肥肠粗而直，所以除了用搅拌的血面糊灌充之外，还可用肉沫或肉块儿灌制。以肉沫或肉丁灌制的肥肠，叫做肉肠。

肥肠的灌制法与小肠相同。切成若干段儿后灌入肉末或肉丁，煮熟即可。

由肥肠灌制的肉肠的煮法、食法，都与由小肠灌制的血肠的煮法和食法相同。

煮灌肠

鹿肉酱、鹿肉干

　　鹿肉酱和鹿肉干也是内蒙古地区富有地方特色的风味产品。过去，它属于野味食品。如今，随着饲养业的飞速发展，已不是传统意义上的野味，几乎与人工饲养的家畜没什么两样。鹿肉酱，顾名思义，就是以鹿肉为主要原料的肉酱。通常是有辣、微辣、原味等不同口味。赤峰乌兰坝鹿业有限公司生产的"乌兰坝"牌鹿肉酱富有声望，其中"鹿肉＋野蘑菇酱"最为著称。还有，呼伦贝尔草原一带的鹿肉产品也远近闻名。

　　鹿肉干的晒干和油炸及烧烤，还有食用方法，与牛肉干基本相同。可当作休闲零食，还可做各种肉食。

　　鹿肉性温，有补脾益气、温肾壮阳的功效。具有高蛋白，低脂肪，低胆固醇特点的鹿肉，促进人体的血液循环作用。

　　锡林郭勒草原上的马肉罐头也是内蒙古名优出口产品，远销国外市场。

肉丁香菇酱

谷物与野菜调配的传统美食——紫食与青食

　　如今，蒙古人经常食用的谷物名目繁多，与周围的其它民族同胞食用的谷物种类基本没有区别，并且具有民族特色，富有地域特点的传统谷物类食品也种类不少。该章节重点介绍炒米等独一无二的食品，还有主要介绍最常见的，比较典型的蒙古族特色主食、副食、小菜。例如，沙葱（也叫蒙古葱）包子，是少有的蒙古族特色菜馅包子之一，也是闻名遐迩的草原风味美食。它是羊肉馅加沙葱（蒙古葱）调制而成的馅心包子，是谷物与野菜调配出来的野味主食。

奶茶的伴侣——炒米 （ ᠬᠤᠷᠤᠭᠰᠠᠨ ᠪᠤᠳᠠᠭ᠎ᠠ ）

　　炒米，人们亲切地称它为奶茶的"伴侣"，奶油的"搭档"。一席温馨的茶宴上，当热气腾腾、色香宜人的奶茶盛入碗里端上餐桌的时候，若没有炒米的"登场"，那么奶茶就会显得有些孤单，有些惆怅。

　　炒米，蒙古语称"胡日森—巴达（ ᠬᠤᠷᠤᠭᠰᠠᠨ ᠪᠤᠳᠠᠭ᠎ᠠ ， ᠬᠤᠷᠤᠭᠰᠠᠨ ᠪᠤᠳᠠᠭ᠎ᠠ ）"，是草原牧人非常喜爱的传统食品之一。炒米的原料是糜子米，俗称蒙古米。黄褐色的光亮糜子米经过煮、炒、碾等三道工序之后，就成为蛋黄色的熟米粒，那就是炒米。炒米的色与形近似小米，但颗粒比小米稍大些，米质干而呈熟米色。加工炒米是一项非常细致的工作。首先，是用大铁锅煮熟生糜子米。其次，是将煮好的糜子，用大铁锅炒干。炒时锅里要放 5 ~ 6 斤左右细沙，沙子要干净而无小石块。最后，要碾去糜子皮。过去有两种去皮法。一种是将炒好的糜子放在石臼或木臼中，用木杵轻搅，使糠壳剥落。另一种是用石碾将糠壳碾掉。用簸箕簸掉大糠，用箩子箩去细糠。如今，把手工或机器炒好的糜子，用碾米机去皮。但常听牧人说，机器去皮的炒米，口感不如手工去皮的炒米好。

赏心悦目的脆炒米

　　炒米分硬炒米和酥炒米两种。硬炒米主要用于做干饭或煮肉粥。传统蒙医认为炒米具有催奶作用。因此，在翁牛特等地区，"坐月子"和哺乳期妇女经常食用炒米羊肉粥的习惯。脆炒米的吃法，多种多样。最常见的是奶茶泡炒米和奶油拌炒米。奶茶泡炒米时，根据个人的口味还可加入适量的奶酪、奶皮、黄油和白糖、红糖等辅料。味色香美，酥香可口，营养丰富的奶茶泡炒米奶酪，既能解渴又能充饥。出远门或野外放牧的牧人，凌晨享用一碗这样的茶点，其高强的能量为他提供一天的温饱。还有新鲜奶油搅拌炒米，堪称是奶油风味食品中的一绝。在凝练、醇香的白色奶油中拌入浅黄色的炒米时，看起来黄白相间，赏心悦目，醇香爽口，是一道色、香、味、形俱全的蒙式快餐美食。炒米还可用鲜奶及酸奶和黄油渣、塔日格、浩日莫格等拌搅食用。

　　由于炒米经水浸泡和煮过，使糜子皮层中的水溶性维生素已渗透到了米粒中，所以炒米看似干燥淡薄，实则颇具营养。并且炒米含水量低，不易霉坏变质，耐贮存，便于携带。由此它就成了牧人游牧生活的必备品。蒙古男子走长途运输、走敖特尔、转牧场时，他们的干粮袋里少不了炒米。他们无论走到渺无人烟的戈壁草滩，还是来到远离村落的密林深山，只要带有炒米，它的芳香就会滋润他们的心田；送到口中时，他们的眼前会出现出门时亲人为他们装炒米的情景，使他们感到无比温馨而幸福。

　　对每一位草原人来说，炒米是非常珍贵的食品。如果说奶食品是象征着纯洁与吉祥而被看成高尚的食物，那么炒米作为古老草原上难得的农作谷类而成了珍贵之物。善于畜牧之道却欠于农耕种植的蒙

奶茶泡炒米奶酪

古人，自古以来就有特别爱惜粮食的传统美德。"掉在地上的一粒米，苍天眼里骆驼般大"是草原牧人常常用来教育晚辈们的一句古训。此话对草原上的每一位孩子来说，是一句永不能忘记的座右铭。他们从小就养成了爱惜粮食的习惯，如果吃饭时不小心洒落了碗里的饭粒，就会立刻捡起来扔给鸡鸭鸟鹊吃，或抛到房顶等人畜踩不到的高处，以示对粮食的爱惜，同时逃避苍天的惩罚。

如今，在内蒙古，各地区加工糜子的工艺有所不同，而加工出来的炒米色泽、味道和脆度也有些不同，甚至米粒的大小也有差别。例如，赤峰、通辽等地的炒米米粒偏小、米质偏酥，更适合用奶油搅拌食用，而鄂尔多斯等地的炒米色泽光滑而颗粒偏大，米质偏硬，更适合于以茶泡食。由于炒米用水浸泡之后会膨胀起来且耐消化，因此不能像吃大米米饭一样食之过饱。

奶油风味主食 —— 图格乐汤（ ᠲᠤᠭᠤᠯ ᠰᠢᠯ ）

蒙古语"图格乐（ ᠲᠤᠭᠤᠯ ）"是牛犊的意思。"图格乐汤（ ᠲᠤᠭᠤᠯ ᠰᠢᠯ ）"，直译就是牛犊面，实则奶油面片。碧波万顷，繁花似锦的草原夏季，正是品尝"好吃得差点连舌头都一起咽下去"的牛犊汤时节。

图格乐汤的做法很简单。和好面，把它搓成各种形状的面片，如搓成小型面窝窝、猫耳朵状、鸡舌状等生动有趣的形状之后，用清水煮熟及捞出，待用。然后，将新鲜奶油放进锅里用文火加热并加入少量食盐之后，将煮熟的面片或面窝窝倒入其中搅拌，这就做好了牛犊汤。缺少奶油时，可加一些鲜牛奶，但口感不如纯奶油做的牛犊汤。

图格乐汤是一种具有浓郁草原风味的主食，是草原蒙古人夏季节庆的佳肴。它的主要辅料是奶油，而且奶油经加热后使其油性更强，故与酒类饮料相悖。因此酒宴上很少见到它，而是在日常往来中它是款待宾朋的风味主食。

图格乐汤口感绵厚，乳香浓郁，营养丰富，是蒙古族食谱里不可忽略的特色食品。图格乐汤有白面做的和荞面做的两种。内蒙古的库伦旗蒙古人喜欢用荞面做图格乐汤。呼和浩特市比较大一些的蒙餐馆，基本都有图格乐汤。

草原风味主食——酸奶面条
（ ᠲᠠᠷᠠᠭ ᠤᠨ ᠭᠤᠯᠢᠷᠲᠤ ᠪᠤᠳᠠᠭ᠎ᠠ ）

　　酸奶面也是一款具有草原风味的主食。面条和面片是制作简单、食用方便、花样繁多、品种多样的大众食品。据说，面条起源于中国，已有几千年的制作与食用历史。然而，因配料、烹饪方法的不同而有了不同民族，不同地域、风格各异的风味面条及面片。例如，意大利拌面、韩国冷面、新疆炒面、苏氏牛肉面等等，都因各自的味道与风格而闻名遐迩。

　　蒙古族传统酸奶面属于热汤面。众所周知，面条在其形式上可分汤面、拌面、炒面，还有热面和冷面之分。蒙古族的酸奶面，以牛羊肉等五畜肉，还有猪、鸡等家禽或野鸡、兔子等野生动物肉都能做汤料。蒙古人最常吃的是羊肉汤面。做法一般是做好肉汤之后下面，煮至八分熟时加一勺艾日格或塔日格，或加些查嘎即可。也有的地方加酸牛奶和奶油，均属于酸奶面。翁牛特等地的蒙古人做酸奶面，一般用的都是查嘎。查嘎的加量根据个人的口味来决定。口重者，可多加些，否则可少加些。

　　酸奶面味道微酸，类此加醋面，但其乳与肉交融的独特风味，与众不同。如今，酸奶面仍然是各地蒙古人钟爱的主食。喝过酒后，吃一碗香喷喷、热腾腾的酸奶面，能解酒，开胃，使人精神焕发。

民族风味主食 —— 阿木斯（ᠠᠮᠤᠰᠤ）

阿市斯也是一种以肉汤与黄油调理出来的草原风味主食。汉语可以叫它为肉汤黄油干粥。一般是以大米、小米、硬炒米来做。它是草原风味主食里地域风格最浓的一种。

各地蒙古部落做阿市斯的方法不尽相同。有的地方也把羊肉干粥叫阿木斯。还有的地方把黄油渣拌米称作阿市斯。翁牛特蒙古人的传统做法就是羊肉干粥加黄油，而黄油的比例比羊肉多些。

阿市斯的做法比牛犊汤复杂。首先，将米谷用羊肉汤煮成八分熟，熟到肉汤被收干的程度。掌握这种尺度是非常重要的。然后在八成熟的米粥里加入适量的黄油（或奶油）及食盐之后加文火煮熟即可。

阿市斯松软而润滑，是老少皆宜、四季适宜、营养丰富的上乘食品。从古至今，阿市斯还是蒙古人重大祭祀活动的必备品之一。例如，祭祀成吉思汗神灵时，不能没有阿市斯。作为祭祀贡品的阿市斯，习惯上用全羊汤来加工，以示对神灵的无限敬意。

热情好客、待人诚恳的草原人鄙视虚伪，讨厌口是心非，看不起想吃而不敢吃的扭捏。但是他们同样也非常鄙视所到之处没完没了地大谈吃喝经的人。"好汉言所见、赖汉言所吃。"这是草原上流传千古的一句谚语。在他们看来，品尝世间美味佳肴是人生的一大乐事，但是，贪吃、贪喝的不良行为是人生的一大悲哀。勤俭节约，勤劳持家，才是人人应备的美德。

羊肉风味稀饭 —— 肉粥（ᠮᠢᠬᠠᠨ ᠪᠤᠳᠠᠭᠠ）

肉粥也是蒙古地区最常见的风味主食。在草原人家，或在城市蒙餐馆里，只要有手把羊肉或市斯，就有肉粥。因为传统的草原肉粥，是在手把羊肉汤里放入大米及加入少许葱花而做成的。也有将羊肉切成肉片来做汤，专门做肉粥的，加些葱花来调味。

冬季是草原牧人大量食用手把肉的季节，随之常吃肉粥。夏季，一般不宰杀牛羊等肉畜，也就不常食用手把肉，专门做肉粥的时候也相对少些。牛羊肉性温，故此牛羊肉及肉粥夏季不宜常吃。

翁牛特地区的蒙古人，喜欢在肉粥里加些艾日格、塔日格、查嘎等酸味品来调理食用。性质与羊肉酸奶面条相同。酸奶肉粥也开胃，解酒。酒后吃肉粥，是蒙古人最简单的解酒方法。

戈壁风味面食 —— 驼肉馅饼 （ᠤᠭᠤᠨᠤ ᠮᠢᠬᠠᠨ ᠤ ᠪᠢᠨᠰᠡ ）

馅饼是大众食谱中最常见的主食之一。各个国家、各个民族都有其特色不同的馅饼。驼肉馅饼是内蒙古地区蒙古族风味面食。

驼肉馅饼，顾名思义，就是骆驼肉做馅子的饼。在外观和形式上与北方人常吃的普通圆形馅饼没有什么两样。然而，它的内充物，即馅心主要是以骆驼肉做成。做法就是骆驼肉馅子加少许葱花和食盐即可，有时也有添加些花椒粉和干姜粉、酱油或黄酱来调味。但多数时候，蒙古人只加少许葱花和食盐。这样制作出来的驼肉馅饼原汁原味，独一无二，地域特色显著。

蒙古族驼肉馅饼的烹饪方法，也与普通馅饼相同，即烘烤或油炸。

现在多数蒙古地区骆驼肉已不多见，在内蒙古阿拉善、巴彦淖尔等骆驼的故乡（骆驼盛产地），仍能吃到骆驼肉及驼肉馅饼。可以说，驼肉馅饼是阿拉善、巴彦淖尔等地区民族风味浓郁的特色食品。在内蒙古首府呼和浩特市，宾悦酒店做的驼肉馅饼挺有名。蒙古族风味驼肉馅饼是宴请宾朋好友的佳品。

驼肉含有蛋白质、脂肪、钙、磷、铁及维生素 A、维生素 B_1、维生素 B_2 和尼克酸等成分。驼肉味甘性温，具有润燥、祛风、活血、消肿、治恶疮的功效。因其性温，能滋补、安神、养阴、解毒，可用于病后恢复，可解除硫酸铜以外的其他毒物造成的中毒。驼肉的胆固

醇含量也很低，是一种保健肉食。但按蒙医的原理，皮肤病患者应忌食。

戈壁风味驼肉馅饼

蒙古包子、蒙古馅饼（ ᠮᠣᠩᠭᠣᠯ ᠪᠠᠭᠤᠷᠰᠤ、ᠮᠣᠩᠭᠣᠯ ᠬᠤᠭᠤᠷᠮᠠᠭ ）

　　蒙古包子和蒙古馅饼也是蒙古地区最常见的风味主食之一。包子和馅饼在丰富多彩的蒙古族食谱中占有重要地位，深受广大蒙古族同胞和各地食客的喜爱。尤其是在蒙古国等地，日常生活中食用包子和馅饼的频率颇高。

　　众所周知，包子通常是用面做皮，用菜、肉或糖、豆沙等做馅儿。我们所说的蒙古包子和馅饼，是指肉馅包子和肉馅馅饼。蒙古包子的外观和形状与国内常见的大众化包子没有区别。而蒙古馅饼，在其外观和形状上与众不同。常见的有光芒四射的太阳状的圆形馅饼和打开的扇子般半圆形两种。将光芒四射的太阳形状的圆形馅饼，俗称太阳饼。打开的扇子般半圆形的馅饼，俗称火烧。然而，不管是蒙古包子还是馅饼，其调理馅心的原料和方法以及制作皮子的方法，有其独到之处。蒙古包子和馅饼通常是基本不加蔬菜，都用纯羊肉做馅心，加一些葱花和食盐即可。包子一般是蒸包子，而馅饼有烘烤和油炸的两种。内蒙古东部地区蒙古人做包子和馅饼，也有添加花椒粉和干姜粉、酱油或黄酱来调味的。但还是纯肉馅加些葱花和食盐者居多。

　　国内大众包子通常都是用发酵面做皮子。可蒙古包子几乎不用发酵面，而通常是用未发酵的冷水面做皮子。这也是蒙古包子的特色之一。蒙古包子和馅饼的馅心原料配制口感纯香，入味鲜美，汤汁鲜香。包子蒸熟后外观透油而深沉，馅饼烤熟后外观金黄薄脆，香气扑鼻，令人胃口大开，是一种长久不衰的特色美食。

蒙古馅饼 俗称太阳饼、火烧

沙葱（蒙古葱）包子

沙葱包子是少有的蒙古族特色菜馅包子之一，也是闻名遐迩的草原风味美食。沙葱包子，就是羊肉馅加沙葱调制而成的馅心包子。

沙葱包子做法与上述蒙古包子相同。

沙葱包子是谷物与野菜调配出来的一种民族风味浓烈的野味主食。因为做包子馅用的沙葱都是人工采割的戈壁草原野生沙葱。

沙葱包子的味道近似于韭菜馅儿包子，但是没有韭菜那么辣。

沙葱是营养价值较高的草本植物，具有助消化、开胃、健胃的功效。

干肉烩菜

干肉烩菜是蒙古族副食品当中草原特色较浓郁的一道菜肴。将草原风干牛肉切成小段，加各种蔬菜或干菜烩制而成。做法是将风干牛肉切成段，添加食盐、葱花，用清水煮成八分熟时，放进各种蔬菜或干菜，煮熟即可。与干肉配制的蔬菜，主要有土豆、白菜、粉条、豆角等。干菜，主要是干豆角、干粉条等。其中，风干牛肉烩干豆角为最地道的草原风味干肉烩菜。

干肉烩菜，香而不腻，营养丰富，烹饪简便，是一道异域特色显著的绿色食品。

沙葱（蒙古葱 ᠬᠥᠮᠡᠯ ）小菜

沙葱是草原蒙古人非常喜爱的优良绿叶野菜。它与肉、蛋等一起烹调的各种菜肴，还有沙葱馅儿包子，具有浓郁的草原风味。它是在蒙古高原上的众多珍贵野菜中最常见的品种之一。

沙葱腌制品，即通常所说的咸菜或小菜，不管是在草原人家，还是在城市蒙式餐馆里，它都是必不可少的绿色小菜，是蒙古人肉酪与美酒相融的饮食结构里难得的绿色成分。沙葱小菜其味辛而不辣，色泽深绿，质地脆嫩，口感极佳，是佐餐下酒的佳品。沙葱咸菜或小菜，存储保质期可达5～6个月。而沙葱嫩茎不易久储，可泡制时令佳肴，即水汆沙葱。做法是把沙葱嫩茎洗净，放入开水锅里焯一下，捞出拌上食盐、米醋等各种适宜的调味品，吃起来别有风味，食客无不喜爱。

　　沙葱属于百合科多年生草本植物，茎叶针状，开白色或淡紫色

沙葱开花香满草原

小花，是沙漠草甸植物的伴生植物，常生于海拔较高的砂质土壤戈壁中，因其形似幼葱，故称沙葱。广泛分布于我国内蒙古自治区的呼伦贝尔市西部、锡林郭勒盟、乌兰察布市、巴彦淖尔市、鄂尔多斯市、阿拉善盟，故此也叫蒙古葱。除了内蒙古以外，在辽宁西部、陕西北部、宁夏北部、甘肃、青海北部，新疆东北部和前苏联的东西伯利亚、蒙古国南部戈壁地区也有分布。

　　沙葱营养价值高，可做各种佳肴，还有一定的药用价值。沙葱富含多种维生素，具有助消化、开胃、健胃的功效。由于沙葱在砂质土壤戈壁中生长分布零落，采割极不容易。

凉拌苦菜 （ ᠬᠠᠲᠠᠭᠤᠤ ᠢᠳᠡᠰᠢᠯᠡᠨ ）

　　凉拌苦菜也是一款内蒙古草原上众多珍贵野菜食品当中最常见的风味小菜，是佐餐下酒的佳品。做法是把苦菜嫩叶洗净，放入开水锅里焯一下，捞出来后，加上蒜末、食盐、米醋、白糖等调味品即可。还可蘸酱生吃。吃起来味稍苦、微涩，别有一番风味。苦菜也是煲制各种野味营养汤的好材料。

　　苦菜的别名很多，有苦斋婆、苦麻菜等等。中文学名叫山苦荬、苦荬菜。蒙古语称"伊德尔—伊德尔瑙高（ ᠢᠳᠡᠰᠢᠯᠡᠨ ）"。瑙高是绿叶菜或蔬菜的意思。苦菜在地理位置上分布于我国北部、东部、南部及西南部，生长于海拔500~4000米的山坡草地乃至平原的路边，农田或荒地上。前苏联、朝鲜、日本、越南也有生长。它的适应性较强，耐旱又耐寒，在北方干旱地区的固定、半固定沙丘及沙质地上也见有生长。在我国东北和内蒙古等地区返青较早，而在晚秋季节霜冻过后亦可短期存活。

　　苦菜的营养价值较高。据研究，苦菜在花果期含有较高的粗蛋白质和较低量的粗纤维，维生素C、赖氨酸、苏氨酸、缬氨酸等氨基酸的含量也较高。

　　苦菜能清热解毒、凉血、活血排脓。全草入药，主治阑尾炎、肠炎、痢疾，疮疖痈肿等症。

野生苦菜

蒙古族传统炊具与饮食器皿
MENGGUZU CHUANTONG CUIJU YU YINSHI QIMIN

与饮食风俗和饮食观等意识形态层面的内容相对而言，饮食器皿在饮食文化中属于物质组成部分。它是饮食文化之举足轻重的内容。饮食器皿的历史步伐与人类的发展史几乎是同步走来。蒙古族的饮食器皿史与其它民族一样，也经历了从没有饮食器具到逐渐走向拥有饮食器具的历程。从饮食器具的质地来看，石、木、皮、陶、瓷、铜、铁、金、银材质的饮食器具他们都曾使用过，而且仍在使用。众所周知，不同材质的饮食器具是其相应的历史发展时期的产物。反过来说，不同的历史时期有其相应的饮食器具。然而，由于不同的生存环境，文化心理等种种原因导致了不同民族所喜爱的饮食器具的材质、图案、形状、颜色的不同。蒙古人偏爱银、铜、木质餐具，可谓蒙古族饮食文化之鲜明特色之一。可以说，蒙古人在饮食器具方面的这种偏好，自从有了铜、银质器具开始，贯穿到现在。

该章节里主要介绍具有浓郁蒙古族特色的炊具和餐具。

火撑子

火撑子，是居住在蒙古包里的蒙古人传统的取暖与炊事工具。蒙古语叫"图拉嘎（ᠲᠤᠯᠭ᠎ᠠ）"。最初的制作原理就是三角定律，与中原文化中常被提到的三足鼎立的香炉一致。然而，在其演变过程中，除了传统的三只脚（支柱之着地的部分称脚）以外，还有了多只脚的火撑，材料当然都是金属，主要是铁和黄铜两种。

　　火撑子由支柱（支柱着地的部分称脚）、固定支柱圆圈、铁钉子组成。支柱有三个、四个、六个的不等，圆圈也有三个、四个、五个、六个不等。火撑子的高度取决于支柱的高低，直径取决于圆圈的大小。支柱与圆圈的交汇处是固定的位置。这是火撑子最基本的部件及构造图。在此基础上可进行装饰。装饰的空间不大，但是支柱与支柱之间，圆圈与圆圈之间，可以用各种图案进行连接或封合，将支柱的顶部和底部制作成各种形状。火撑子的档次常常依靠这些装饰品。

　　因其用途及主人家的经济状况不同，所以火撑子的制作材料、大小与高低、做工与装饰等都有所区别。一般人家基本用铁质火撑子，做工普通，装饰简单，而达官贵族和富裕人家使用的火撑子，不言而喻，从制作材料到装饰品，图案到颜色，均为精致又豪华气派。过去在可汗和王爷宫殿里使用的火撑子更加高一档。野外临时使用的和迁徙途中临时使用的火撑子最简单，这种火撑子便于携带和组装。与火撑子配套的工具有火镰、火钳、火铲子、倒灰及放燃料用具等。

　　火撑子一般放置于蒙古包中心相应于天窗的位置。没有火种的火撑子，只是一堆冰凉的金属物而已。点燃了火种或有了火种的火撑子，才是蒙古包文化不可或缺的中心，是草原蒙古人生生不息的幸福生活之核心。蒙古人将有了火种的火撑子称作"高勒市塔（ᠭᠣᠯᠤᠮᠲᠠ）"或"嘎拉高勒市塔（ᠭᠠᠯ ᠭᠣᠯᠤᠮᠲᠠ）"。"嘎拉高勒市塔"的含义为祖先的香火，家庭的命脉。使用或靠近已经成为了祖先香火的火撑子时候的禁忌颇多。例如，不能往"高勒市塔"里扔进赃物，不能迈过"高勒市塔"，

铜质火撑子与铜锅

不能插入刀子等有刃器具，不能往"高勒市塔"里吐唾沫，不能烤脚，等等。不然那就是对主人莫大的不敬，甚至会埋下被仇恨的种子。过去，谁家的仇人或不共天日的敌人，若想与对方决于雌雄，往往与对方家的"高勒市塔"作对来挑衅事端。在蒙古人看来，对"高勒市塔"的挑衅，是不可饶恕的行为，是对主人极大的侮辱与欺凌。

　　火撑子是制作简便，携带方便，体积小且耐用，适合于游牧生活的取暖与炊事用具。它是蒙古族饮食文化，乃至蒙古文化的核心。以蒙古包文化为中心的蒙古族文化，永远会围绕着火撑子世代相传，兴旺发达。

祭祀香火

锅勺类

锅与勺等炊具当然不是蒙古人的专利，它是人类智慧的产物，是人类共同发明的饮食工具。然而，不同民族、不同地区都有其格外喜爱的不同款式和材质的锅碗瓢盆，甚至不同民族、不同地区，都有其独自发明的，与众不同的餐具，也是人类饮食文化之普遍现象。

蒙古人在日常生活中常用的锅类，以大小不同的各种铁锅及铜锅为主，这与其它民族的用锅习惯没有两样。因为铁锅及铜锅耐用且对人体无害，这已是常识。

蒙古人常用的勺类有其独特之处。常用的勺类除了铁质的和铝质的以外，还有一类不可忽略的是木质勺子。木质勺子，一般是在加工奶食品时和食用奶食品及斟洒奶食品时使用。而煮制烹饪肉食等其

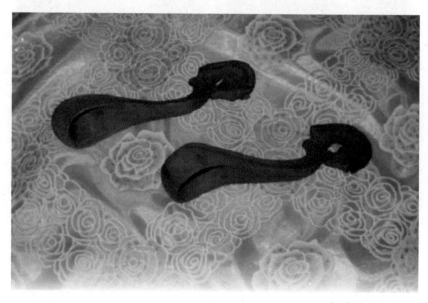

木质马头小勺子

它食物时习惯使用金属勺子。这种分工明确的习惯，想必与蒙古人将奶食品视为无限高贵、纯洁之食物的思想意识有关。木质勺子比金属勺子更加柔和、温顺，手感更加温馨。故此，看来视乳及乳制品为神圣食物且深知木质餐具秉性的蒙古人，开始以它与乳制品打交道，从而逐渐有了喜爱并使用木制勺子的习俗。另有，在人员稀少、居住分散的游牧社会里，人们往往不能随心所欲购买到称心的金属餐具，而木质勺子等木制餐具取材方便、制作简单，可按需制作各种款式。这或许是木质餐具在蒙古高原上深受推崇的原因之一。

木质勺子的款式与大小尺寸与人们通常在随处见到的普通勺子基本相同，只是木质勺子的后脑勺略厚或略尖一些，把柄末端常常朝后弯曲并做有各种形状。把柄上有时也刻画一些各种简单图案或文字等。近年来，在市场上，木勺的手柄末端做成各种动物头像的比较常见，尤其是做成马头的居多。

牧区常见的铜勺子

壶类

壶类包括烧水壶、盛水壶、酒壶等几大种类。烧水壶与盛水壶以铜质为特色，而酒壶则是银质为蒙古族特点。

各种款式及各种尺寸的铜质水壶，是蒙古族特色餐具中的一道亮丽的风景线。它与银碗、银杯、皮囊、市杆等餐具，构成了蒙古族富有个性的传统餐饮器具的华彩图画。

过去在牧区，家家几乎都有一口质地上乘的铜质水壶。牧人将它作为传家宝之一，世代相传的现象比比皆是。主要以它来熬奶茶、烧水，有时在规模比较大的宴会上也用它来热酒。

蒙古人常用的铜壶以"凤嘴龙柄铜壶"最为著称。

具有浓郁民族特色的铜质水壶，品质高档，外观清馨大方，结实耐用，是蒙古人追求简单而又精致生活的一种体现。（酒壶另作介绍）。

精致漂亮的铜壶

多功能铜壶

碗类

　　银碗和木碗是蒙古族传统餐具中不可或缺的器皿之一。银碗和木碗的款式和大小容量可以说多种多样，数不胜数。碗，蒙古语叫做"阿雅嘎（ ᠠᠶᠠᠭ᠎ᠠ ）"，勺子，叫"希纳嘎（ ᠱᠢᠨᠠᠭ᠎ᠠ ）"，锅叫"陶高（ ᠲᠣᠭᠣᠭ᠎ᠠ ）"。

　　银碗分纯银制作的和木与银组合结构的两种。木与银组合结构的也分多种，银质部分有镶嵌点缀式的，全里子包裹式的，碗底外部半包裹式的等等，有多种多样。早期蒙古社会中，碗的材质与款式，是身份地位和财富的象征。可汗和王爷们使用的餐具与平头百姓的餐具无法相提并论。而如今，当然与过去大不相同了。

　　过去，蒙古人使用的几乎都是没有图案的纯木色木碗。如今，在市场上，出现了印有各种图案的木碗。图案多为吉祥结（ ᠥᠯᠵᠡᠶ᠎ᠡ ᠬᠡᠭᠡ ）和苏力德（ ᠰᠦᠯᠳᠡ ），制作方法多为烤漆、刻画或雕画几种。

　　银质碗和木质碗不易破碎，便于携带，适合于牧人逐水草而迁

常见的银碗与木碗

徙的马背上的生活。银碗具有消除食物中毒素的功效。

　　高档而又精致的银质碗和市质碗，可为一款草原特色的工艺品。

　　除了银碗及铜碗和市碗以外，蒙古人也使用瓷碗。上乘质地的、画有腾龙或祥龙图案的瓷碗是他们的至爱。蒙古人很少使用没有图案的单色瓷碗，他们将这种不能给人以视觉享受的单色碗，称为"光秃碗"。

底部镶嵌石材条纹的铜碗

酒具类

　　人类饮用酒和使用酒具的历史，与人类的发展史几乎是同步的。故此有研究者称："酒器的发展历史，就是另一种形式的人类社会政治、经济、文化、科学技术和艺术的发展历史。"酒具从诞生之日起，就备受人们的关注与重视，从而其材料质地、制作工艺、造型与装饰，自古至今随着时代的发展与变化不断演变，走过了土陶—青铜—金银玉瓷—水晶质地器具的辉煌历程，为人类酒文化增添了不可磨灭的灿烂篇章。

蒙古人酒具文化的发展步伐与人类酒具文化的发展进程基本上一致。尤其是其材质与工艺演变情况，均与人类酒具文化的发展轨迹同步。然而，在其造型与装饰方面，蕴涵了北方游牧文化特质从而形成了独有特色。蒙古族传统酒具以铜和银、玉质器皿为特色。银质酒具，至今仍然倍受蒙古人的喜爱，在蒙古地区仍广泛使用。

银质酒杯

水晶质地的酒具，是近几十年来也是在蒙古地区广泛流传的新兴器皿。水晶质地的酒具主要是随着改革开放初期国门的打开，从蒙古国和俄罗斯等国引进的居多，国产的也不少。其颜色与款式，多种多样，数不胜数。

时尚水晶酒具

众所周知，酒具可分为盛(储)酒器、斟酒器和饮酒器等几种类型。蒙古人喜爱的银质斟酒器和饮酒器，以执壶和高足小杯及碗型银杯和银市结构杯为主。水晶杯主要有平底、直壁、圆口杯或高脚杯。

无论是银质的还是水晶的，做工精美，款式大方，色泽柔和且晶亮，绘有民族特色图案是蒙古人锲而不舍的追求。

桶类

蒙古人在日常生活中喜欢使用的传统水桶和奶桶也是以市桶为特色。据考察，蒙古人使用铁质桶的历史比较短。过去，在牧区，很少看见铁制水桶和奶桶，牧民家使用的一般都是自制的或找市匠制作的市桶。通常是将实市切割成板材后制作市桶。固定市桶板壁的方法，多种多样。以铁圈儿紧箍的，也有用铜片封合的，还有拿皮绳系牢的，直接用胶粘的也有。神奇的是无论何种方法做成的市桶，都不漏水。市桶虽然制作简便，不怕磕碰，但是比起铁桶，不耐用，怕干燥，空水桶不能在阳光下暴晒，容易干裂而报废。

　　黄铜材质的桶类，也是蒙古人使用的传统水桶的特色品种。

　　各种桶当中，不得不提的是挤奶桶和盛奶桶。挤奶桶是蒙古族妇女"爱不释手的生活用具，不弃不离的终生伴侣"。尤其是夏季的挤奶时节，牧民妇女手上的奶桶，是招财纳福的象征，是幸福生活的标志。身着华丽的蒙古袍、头戴艳丽的彩巾的蒙古族妇女，手持富有民族特色的挤奶桶，迎着朝霞，踩着露珠，向等待挤奶的牛群走去的情景，是我们在媒体或影视剧里经常看到的一幅色彩斑斓的民俗风情画卷。奶桶可分挤奶桶和盛奶桶。在蒙古国，普遍使用小口带盖子的、两侧带有提环的铝制盛奶桶和挤奶桶。这种奶桶轻便而又不易溢漏。而在内蒙古地区，如今常见各种材质的奶桶。

铜质桶

多功能桶

皮囊口袋类

　　口袋的发明，是人类发明史上的一项壮举。人类的生产与生活离不开口袋，没有口袋的生活无法想象。现代人不离手的塑料袋和手提包就是这方面的典型例子。手提包实际上也是口袋的衍生品。塑料袋，为人类带来方便的同时，也带来了无可估量的隐患。

　　口袋是人类饮食文化的重要组成部分。蒙古族饮食文化也不例外。粮食要用口袋装，备用的奶食品要用口袋装，冬储肉及风干肉等过冬食物的储存也需要口袋。因此，在蒙古人的生活当中，口袋的作用更加显著。

　　蒙古人使用的传统口袋也像其它餐饮器具一样，富有民族特色和地方特色。过去，牧人常用的口袋有皮囊、毡子口袋和布口袋（分粗布口袋和普通棉布口袋两种）。使用麻袋和纤维袋及塑料袋，是后

皮囊加工奶食品

来的事情了。皮囊主要是以牛羊皮制作，将牛羊皮用传统工艺去毛、去腥、软化后缝制而成。使用时，习惯用皮绳系口。皮口袋用皮绳系口，结合得可谓天衣无缝。毡子口袋就是以牛羊毛做成的毡子缝制的囊袋。蒙古人的布口袋与普通大众化的口袋没有两样。

　　口袋因材质不同而其用途也不同。按蒙古人的习惯，皮囊主要用于装置粮食和食盐等。在牧区，经常见到用牛犊皮口袋装置炒米。它能防潮、防止发霉生虫，结实耐用。蒙古人常吃的炒米最怕潮湿，防潮是储存炒米的头等要务。捣碎的砖茶一般也装于毡子口袋或布口袋。毡子口袋多用于装置手头使用的针线布头和剪刀、眼镜，还有常备药物等。相对而言，布口袋的用途比较广泛。其中，制作奶食品（过滤酸奶或稀奶油的乳清等水分）、装置奶食品都用布口袋。

羊毛毡子做的茶叶袋子及针线盒

臼具与杵杆类

臼具与杵杆，是在过去草原蒙古人的饮食生活中占有重要地位的加工工具。主要用于舂米磨面和捣砖茶、砸肉干、磨药材药剂。

臼具有木臼和石臼两种。式样有手捣式及脚踏式两种。杵杆都是木制的。它是臼之不可分割的组成部分。杵杆的粗细与长短，取决于臼的大小与深浅。

杵杆还有一个不可忽略的用途便是捣搅澈格。需要千百次的锤炼的澈格，是蒙古人夏季必备的乳制饮品，俗称蒙古人的液体面包。澈格一般都以手工捣搅制作，木杵便是其任何工具都无法代替的捣搅工具。木杵也是以传统方法提炼黄油时搅动奶油的专用工具。以积攒的奶油来提炼黄油前，需要多次搅动奶油先将奶油使其油脂与水分分离开来，然后将油脂部分进行加热而提炼黄油。

长度最长的木杵大概有1.5米左右，最短的大致有30公分左右。捣搅澈格的木杵比较粗而长，而搅动奶油的木杵却细而短。木杵是夏季草原上耀眼的明星，是制作各种美味奶食的功臣。

铜质臼具

木臼捣食物

蒙古族传统饮食观
MENGGUZU CHUANTONG YINSHIGUAN

因饮食结构和饮食种类的不同，同时由于各民族不同的社会历史发展进程等多种原因，不同时代，不同地域，不同民族的饮食观都有其独道的一面。饮食观还与人们的价值取向、审美意识、人生观或世界观有着千丝万缕的关联。可以说，饮食观为世界观在饮食行为上的一种具体表现，它是物质文化与精神文化交融的结果。蒙古人的传统饮食观可归纳为崇尚食物精华的精品意识、注重食物新鲜度的保健意识、重视食物"德吉"的敬畏心理、食物分份子的平等观、"半饱"为足食的健康观、饮品重于食品的宴饮观等几种。该章节里选择性地介绍其中的部分内容。

崇尚食物精华的精品意识

提炼食物的精华、食用食物的精华、储存食物的精华、是从蒙古人悠久的游牧生产与生活当中催生出来的饮食观。崇尚食物精华的精品意识，是蒙古族饮食文化的又一亮点。游牧需要逐水草而居，一年四季逐水草而不断迁徙的游牧生活，不适合储存或携带大规模的粮草和日用品，所需的生活用品以少而精为原则。牧人除了逐水草而迁徙以外，在野外放牧，去深山密林里打猎，长途跋涉运载食盐，到他乡异地寻找丢失的牲畜，都需要裹腹维生的食物。然而，茫茫大草原广阔无边，人烟稀少而居住分散，水源与食物难寻。尤其在寒冬季节，北国大地冰雪封路，牧人的生存处境更加艰难。很多时候，无法去享受"老婆孩子热炕头"的安逸生活。安逸的生活和丰盛的菜肴，往往只是他们的梦想。经过千百次的锤炼而制作出来的精华食物，对他们来说，既是救命稻草又是美味佳肴。蒙古人在平时加工提炼出来的乳制品和肉食品，具有体积小而易保存便于携带且营养丰富的特点，食用少许便能充饥止渴，为此不需要兴师动众地去烧火做饭。例如，蒙古式奶酪、黄油、奶皮、奶酪团儿、手抓奶酪等奶食品和风干肉及肉沫，奶酒和特质奶酒等等，都是经过千百次的锤炼而制作出来的精华食物。毋庸置疑，崇尚食物精华的精品意识，由此而逐渐形成。

作为蒙古人主要食物的奶食品与肉食品，都能再度加工，均能再度加工成不同性质的食物及饮品来食用。例如，手抓奶酪可以稀释成饮品来饮用，风干肉可以做各种菜肴和美食，奶皮可当零食及辅料以外还可以提炼黄油等等。它们都是浓缩食物中的精华，因此将它与一般的浓缩食物不能相提并论。总之，蒙古人崇尚食品精华的饮食观，是蒙古高原特殊的自然条件和游牧生产与生活方式所致。

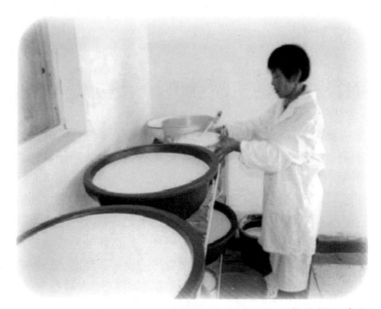

提炼鲜奶精华

注重食物新鲜度的保健意识

　　蒙古人在日常生活中非常注重食物的新鲜度，推崇新鲜食物。以新鲜食物待客，以新鲜食物祭祀天地诸神，也是他们恒久不变的风俗。众所周知，新鲜食物所含的营养成分比非新鲜食物的营养成分相对高，而且其味道正宗、口感鲜美、外观赏心悦目。从保健的角度去考虑，新鲜食物对人体更加有益、毒副作用少些。所以，不管是在物质层面上，还是在精神层面上，为食者给予莫大的享受感而使其产生愉悦的心情，它应被推崇。这就是蒙古人，甚至整个人类重视并推崇新鲜食物的根本缘由。

　　重视新鲜食物这一饮食观，蕴涵着蒙古人的人生态度和憨厚的秉性。以食物传递情感，以食物寄托愿望，以食物表达敬意，都是蒙

保健功效极高的酸牛奶

古族饮食文化的精粹。因蒙古人的饮食结构和饮食种类的特殊性，在他们看来，鲜奶、刚出锅的奶酪、刚提炼出来的黄油、新熬的奶茶、新煮的手抓肉、新鲜肉汤，等等，都是食物中档次最高的精品，它是新鲜而又尊贵的。在草原人看来，不管是远道而来的贵客，还是左邻右舍的亲朋好友，或者素不相识的路人，只要是登门的客人，都是座上嘉宾。为了表示欢迎，表达敬意，蒙古人都会准备新茶和新食物来招待他们。若以旧食物来招待客人，视为一件很"丢人"的事情。"丢人"，当然也包括多种含义。一是这种行为破坏了祖先留下的传统规矩。诋毁了蒙古人"以诚待人"的传统美德，对任何一个族群成员来说，这都实属比较严重的过失。为此，应当感到没面子丢人。二是穷困潦倒的人家，因没有办法才用隔夜食物招待来客。不管是何种原因而穷困潦倒，在客人面前觉得汗颜，应该算是人之常情。尤其是对天生热情好客的蒙古人来说，更加如此。

蒙古人有句俗话叫"茶水也没有，好脸色也没有"（ᠴᠠᠢ ᠴᠤ ᠦᠭᠡᠢ、 ᠴᠢᠷᠠᠢ ᠴᠤ ᠦᠭᠡᠢ）。对不受欢迎的人，对不想继续来往的人，蒙古人不会以新茶及新鲜食物相待。而以旧食物来招待，甚至连旧茶水也没有，这实则是蒙古人一种体面而委婉的拒绝方式。

重视食物"德吉"的敬畏心理

自古至今，蒙古人有将某些食物的头一份（"德吉"）必定要敬献天地祖先的神灵，献给家里长辈的习俗。其实，这种习俗，是从远古传承下来的蒙古人一种敬畏心理在饮食行为上的体现，是蒙古人独特文化心理的反映，是古代蒙古人世界观所催生出来的产物。在古代蒙古人看来，"长生天"等神秘力量在支配着人类的生死和生活的贫穷与富裕等各种状态，并且世间万物都有其灵魂，而灵魂存于隐形世界里，凡人的肉眼无法看见。他们认为，天地诸神或各类灵魂（简称神灵），对人类的恩赐与惩罚、保佑与祸害，取决于人类对他们的态度，即取决于虔诚的崇拜或冒犯鄙夷、鼎力祭祀或敷衍了事等不同态度。虔诚的崇拜并鼎力祭祀者，无疑会得到神灵的无限恩惠，否则会受到神灵无情的惩罚。在他们看来，广袤的蒙古高原上的取之不尽的各种资源和遭遇不断的自然灾害，就是神灵对人类最常见的一种恩惠与惩罚形式。故此，古代蒙古人经常选择一年四季里的特殊日子，专门举行虔诚的祭祀活动，以丰硕而又讲究的食物作为祭祀品及语言精美的祝赞词来供奉诸神，以此赞颂诸神的恩德并表达对它们无限的感激之情。久而久之，就形成了除了专门的祭祀活动以外，还有在各种喜庆活动时，甚至在平时的一切餐饮行为当中，将值得敬献的食物之头一份德吉，必定要向诸神祭洒敬献的习俗。例如，刚熬出来的新奶茶，刚酿造出来的新奶酒，刚出锅的新鲜肉食的头一份，都要献给神灵。还有将一日三餐的头一份，必定要献给家里长辈。孝敬长辈，是人类普遍的道德准则。长辈对一个家族来说，他们的恩德也是无法用语言来表达的。所以，应该像敬重神灵一样尊重他们。将一日三餐最尊贵的部分献给长辈，是日常生活中表达敬重及感恩心理的一种最直接、最实惠、最便利的形式。

美味佳肴祭祀天、地、山河神灵

食物的头一份，既然如此非同一般，如此尊贵，那么在古代蒙古人看来，食物的最后一份，或锅底剩饭，毋庸置疑，肯定是最不值得高看的、"最下等"的部分。所以，在蒙古人的岁时节令、人生礼仪、人际交往等各种宴饮场合，食物的头一份和末一份的敬献问题，是一项非同寻常的礼仪环节。一般是从最年长者开始按照年龄、身份、地位，依次敬献食物的德吉。蒙古人有句形容一个人身份、地位的俗话叫："ᠴᠢᠨ ᠢᠶᠡᠨ ᠳᠡᠭᠡᠷᠡ ᠨᠢ ᠰᠠᠭᠤᠵᠤ"，"ᠡᠭᠦᠳᠡᠨ ᠳᠤ ᠨᠢ ᠰᠠᠭᠤᠵᠤ ᠳᠡᠭᠡᠵᠢ ᠨᠢ ᠨᠢ ᠢᠳᠡᠵᠦ"，意即"炕头坐着，头份吃着"，"门口坐着，剩饭吃着"或"坐在上座，吃着头份"，"坐在门口，吃着剩饭"。常常用能不能吃上头份来形容一个人在其族群中的地位。蒙古族古代文学名篇《孤儿舌战成吉思汗九卿》（又称《孤儿传》）中，与成吉思汗的九位功臣辩论酒的利弊的孤儿，就是在门口打坐的奴隶。《孤儿传》是古代蒙古人身份文化意识的非常生动而深刻的描述。

归根到底，蒙古人重视食物"德吉"，即敬献食物头一份的习俗，是古代蒙古人对大自然神秘力量的既敬重又畏惧的复杂心理淋漓尽致的体现，是古代蒙古人世界观在饮食行为上的一种反映。

食物分份子的平等观

我们在相关章节中介绍过食物分份子（吃份子）的习俗。它是蒙古人非常重要的饮食习俗之一。该习俗也是古代蒙古人天地诸神支配着人世间的一切行为，在天地诸神面前人人平等这一世界观的一种体现。据研究，猎物肉分份子的习俗，是蒙古族狩猎文化的重要内容。为此，学界认为，蒙古人吃份子的饮食习俗与蒙古族狩猎文化有着密切的关系。《蒙古秘史》中记载有蒙古人的祖先在路上遇见猎人，分得猎物肉的情景。这就是上述古老习俗的有力印证。在古代蒙古人看来，野生动物是苍天大地或山水诸神赋予人类的礼物。它不属于是谁的私人财物，而是人类共同的财产。因此，不管是谁，任何人若是捕获到了猎物，不该独吞，应该与周围遇见的人分享。蒙古人的祖先不只是在观念上如此认为，而且在行动上也不一例外地付诸实施，从而成就了族群成员共同遵循的一种行为准则，即习俗。

蒙古人从宗教祭祀和盛大宴会到民间一切餐饮活动，将某些食物一定要分份子的饮食习俗，在其漫长的传承过程中，拥有了多层文化意蕴。首先，认为在天地诸神面前人人平等，因而形成在天地诸神赋予的食物面前人人平等的古代蒙古人的世界观，当然是其形成的根本。然而，人与人之间、互相尊重、互相爱护、有难共当、有福同享的和谐思想，也是其重要的一面。这可能是远古人类所意想不到的衍生意义。在现代人的思想观念中，此层衍生意义更加值得关注。另外，它也是蒙古人以身作则，教育青少年从小养成人人平等观，从小养成互敬互爱、与他人和睦相处、与周围的人同甘共苦的美好品德的法宝。这种教育方式既简便又具体，既轻松又深刻。

"半饱为足食"的健康观

蒙古人有句俗话叫"安逸为最大的幸福，半饱为最好的足食"，即"ᠠᠮᠤᠷ ᠨᠢ ᠵᠢᠷᠭᠠᠯ ᠤᠨ ᠳᠡᠭᠡᠳᠦ · ᠬᠠᠭᠠᠰ ᠨᠢ ᠢᠳᠡᠭᠡᠨ ᠦ ᠳᠡᠭᠡᠳᠦ ᠬᠡᠮᠡᠳᠡᠭ"。这句俗语，是蒙古人"半饱为足食"的健康饮食观非常生动的概括。当然，不能把这里所说的"半饱"，单纯的理解为"半个"、"半截"，应当理解为与暴饮暴食相对而言的"适当"之意。因为，"半饱"一词本身就有大半、整半、小半等不确定成分，有一定的弹性空间。"半饱为足食"的饮食观，包含着深刻的科学道理。众所周知，暴饮暴食，或不科学的节食 还有无规律的饮食习惯，均对人体健康有害无益。尤其是防止贪吃贪喝、贪婪无度，应该是每个人应具备的修养。掌握适当的饮食度量，不但有利于吸收食物的营养成分，均衡体内营养，增强抵抗力，防止疾病，同时也有利于焕发精神，提高智力。现代人的很多疾病，或多或少都与饮食过量而营养过剩有着密不可分的关系。为此这些疾病被称为"富贵病"。例如，高血脂、肥胖症等等，一般都是饮食过量却缺乏适当运动所致。

虽说，"半饱为足食"是蒙古人自古以来加以提倡的健康饮食观，然而在如今，这一健康饮食观仅仅停留在理论层面上，而在实践中往往被忽略，这种现象比比皆是。因蒙古人的饮食种类以肉酪为主，而饮食结构又相对固定，再加上"半饱为足食"这一健康饮食观经常被忽视，高血脂，脂肪肝等"富贵病"成为了现今蒙古人比较普遍的疾病之一。"半饱为足食"的健康饮食观，有待加强并发扬光大。

蒙古族风味餐饮，这一独具民族特色及地域特色的饮食，因其营养、健康、绿色、环保而风靡时下。

总之，尊重他人、尊重对方是蒙古族饮食文化的灵魂，或者说是其核心理念。

附录：与饮食宴请有关的谚语

马群各种毛色的好看，
酒席上一视同仁的好看。

有出息的人，言所闻，
没出息的人，言所吃。

懒汉门前，没有一把柴禾，
馋人家里，没有一块肥肉。

吃喝的时候，像一条好汉，
劳动的时候，像一条懒虫。

吃喝时，像一匹野马，
前进时，像一座岩石。

ᠤᠤᠭᠤᠬᠤ ᠢᠳᠡᠬᠦ ᠥᠶᠡᠳᠡᠭᠡᠨ ᠪᠤᠷᠢᠶᠠᠳ ᠮᠥᠷᠢᠨ ᠮᠡᠲᠦ ᠂

ᠤᠷᠤᠭᠰᠢᠯᠠᠬᠤ ᠶᠠᠪᠤᠬᠤ ᠥᠶᠡᠳᠡᠭᠡᠨ ᠬᠠᠳᠠ ᠴᠢᠯᠠᠭᠤ ᠮᠡᠲᠦ ᠃

不要躲避熟饭，
不要轻信微言（危言）。

ᠪᠤᠯᠤᠭᠰᠠᠨ ᠪᠤᠳᠠᠭ᠎ᠠ ᠠᠴᠠ ᠵᠠᠢᠯᠠᠵᠤ ᠪᠤᠤ ᠶᠠᠪᠤ ᠂

ᠪᠤᠷᠤᠭᠤ ᠦᠭᠡ ᠶᠢ ᠠᠮᠠᠷᠬᠠᠨ ᠢᠲᠡᠭᠡᠵᠦ ᠪᠤᠤ ᠶᠠᠪᠤ ᠃

敬重不懂规矩的人，他觉得在怕他。
以肉喂猫，它觉得在抢夺它。

ᠶᠤᠰᠤ ᠦᠭᠡᠢ ᠬᠦᠮᠦᠨ ᠢ ᠬᠦᠨᠳᠦᠯᠡᠪᠡᠯ ᠡᠴᠡᠵᠦ ᠪᠠᠢᠨ᠎ᠠ ᠭᠡᠵᠦ ᠪᠤᠳᠤᠨ᠎ᠠ ᠂

ᠮᠢᠬ᠎ᠠ ᠪᠠᠷ ᠮᠤᠤᠷ ᠢ ᠲᠡᠵᠢᠭᠡᠪᠡᠯ ᠪᠤᠯᠢᠶᠠᠵᠤ ᠠᠪᠤᠨ᠎ᠠ ᠭᠡᠵᠦ ᠪᠤᠳᠤᠨ᠎ᠠ ᠃

狗肚子不配吃黄油，
没素质的人不配受尊重。

ᠨᠤᠬᠠᠢ ᠶᠢᠨ ᠭᠡᠳᠡᠰᠦ ᠪᠡᠷ ᠰᠢᠷ᠎ᠠ ᠲᠤᠰᠤ ᠢᠳᠡᠬᠦ ᠦᠭᠡᠢ ᠂

ᠳᠤᠷᠠ ᠮᠠᠭᠤ ᠬᠦᠮᠦᠨ ᠨᠢᠭᠡᠳᠦ ᠪᠡᠷ ᠬᠦᠨᠳᠦᠯᠡᠭᠳᠡᠬᠦ ᠦᠭᠡᠢ ᠃

扶持不努力的人，
如将黄油倒在沙土上。

ᠴᠢᠷᠮᠠᠢᠬᠤ ᠦᠭᠡᠢ ᠬᠦᠮᠦᠨ ᠢ ᠳᠡᠮᠵᠢᠪᠡᠯ ᠂

ᠰᠢᠷ᠎ᠠ ᠲᠤᠰᠤ ᠶᠢ ᠡᠯᠡᠰᠦᠨ ᠳᠡᠭᠡᠷ᠎ᠡ ᠠᠰᠬᠠᠭᠰᠠᠨ ᠮᠡᠲᠦ ᠃

炕头上坐着，头一份吃着，
门口坐着，剩饭吃着。

安逸为最大的幸福，
半饱为最好的足食。

饮食过量，成毒，
笑话过分，失礼。

脖颈肉，不好吃，
女婿人，不出力。

脖颈肉，不好吃，
当女婿，没地位。

让你吃，你就舔一舔，
让你进，你就探头探脑。（意：不识抬举）

山羊肉要趁热吃，
任何事要及时做。

吃新大夫的药，
不如喝羯羊汤。

酒若适量，如蜂蜜，
酒若过量，如老虎。

酒若适量，如甘露，
酒若过量，如毒液。

ᠬᠢᠯᠢᠩᠭᠦᠶ᠋ᠢ ᠪᠠᠶᠢᠬᠤ ᠴᠢᠷᠠᠶᠢᠯᠠᠬᠤ ᠵᠢᠯᠤᠭ ᠶᠠᠭᠤᠨ ᠁

不情愿的茶水，
不如热情的笑脸。

ᠵᠢᠷᠤᠶ ᠨᠠ ᠴᠢᠷᠠᠶ ᠨᠠ ᠴᠢᠷᠠᠶ ᠶᠢᠨ ᠂
ᠵᠢᠷᠤᠶ ᠨᠠ ᠨᠠ ᠴᠢᠷᠠ ᠁

　　　　　（附录谚语由作者莎日娜从相关资料及民间搜集）

后　记

　　《内蒙古旅游文化丛书》是一部专门展现内蒙古独特旅游资源，集趣味性与知识性为一体的大众化旅游读物。

　　时值该《丛书》出版之际，恰逢内蒙古自治区党委于2013年3月提出"8337"发展思路，要把内蒙古建设成为"体现草原文化、独具北疆特色的旅游观光、休闲度假基地"。为更好地体现这一重要的发展思路，同时满足更多旅游者和广大读者的需要，2013年初，经内蒙古人民出版社提议，决定重新编撰出版《内蒙古旅游文化丛书》，为内蒙古打造"体现草原文化、独具北疆特色的旅游观光、休闲度假基地"尽绵薄之力。

　　此次出版的《内蒙古旅游文化丛书》由《内蒙古古塔》、《内蒙古古城》、《内蒙古寺庙》、《内蒙古清真寺》、《内蒙古自然奇观》、《蒙古包文化》、《蒙古族服饰》、《蒙古族民俗风情》、《蒙古族饮食文化》、《春天里盛开的映山红——达斡尔族风情》、《天边那绚丽的彩虹——鄂温克族风情》、《高高的兴安岭——鄂伦春族风情》、《内蒙古考古大发现》组成。此次出版，对2003年9月出版的《内蒙古旅游文化丛书》进行了调整，将原《来自森林草原的人们——达斡尔、鄂温克、鄂伦春族风情》，一分为三：《达斡尔族风情》、《鄂温克族风情》、《鄂伦春族风情》，同时，除整合《丛书》初版时的个别分册之外，还增加了《内蒙古考古大发现》一册作为《丛书》之一种。同时，每种图书，增加了大量的彩色照片。即将出版的《内蒙古旅游文化丛书》共计13册，170余万字。

经过《丛书》全体新老作者近一年的不懈努力，《内蒙古旅游文化丛书》的编撰工作已圆满完成，并再次得到内蒙古自治区宗教局等有关部门、单位的大力支持。在《丛书》付梓之际，我谨对付出辛劳的各位作者表示衷心的感谢！《丛书》的出版，得到内蒙古人民出版社领导、各汉文编辑部的大力支持，特别是武连生副总编在《丛书》的总体策划方面提出了很好的意见，付出了艰辛的劳动，在此一并表示衷心的感谢！

马永真

2013年11月

于内蒙古社会科学院